Càlcul II. Problemes

M. Carme Leseduarte

M. Dolors Llongueras

Antoni Magaña

UPC

Departament de Matemàtica Aplicada II. ETSEIAT
UNIVERSITAT POLITÈCNICA DE CATALUNYA

Càlcul II: Problemes

1a Edició: © Febrer 2014 OmniaScience (Omnia Publisher SL)

© M. Carme Leseduarte, M. Dolors Llongueras i Antoni Magaña, 2014

Escola Tècnica Superior d'Enginyeries Industrial i Aeronàutica de Terrassa
Colom, 11. 08222 Terrassa

{carme, dolors, magana}@ruth.upc.edu

DOI: http://dx.doi.org/10.3926/oss.15

ISBN: 978-84-941872-5-4

DL: B-3404-2014

Disseny coberta: OmniaScience

Imatge coberta: © M. Carme Leseduarte, M. Dolors Llongueras i Antoni Magaña,
CC-BY-SA Guillaume Jacquenot

Índex

Introducció

D'una banda, la resolució de problemes, a més de tenir una importància cabdal en l'aprenentatge de les matemàtiques, és una metodologia activa d'aprenentatge que estimula l'adquisició de coneixements i ajuda a desenvolupar competències. D'altra banda, qualsevol enginyer a la seva vida professional es dedicarà a aplicar els seus coneixements i les seves competències a la resolució de problemes de diversa índole. Per tant, és necessari un entrenament previ.

Amb aquest llibre que teniu a les mans pretenem posar a l'abast dels estudiants de les assignatures de Càlcul II de l'Escola Tècnica Superior d'Enginyeries Industrial i Aeronàutica de Terrassa un recull de problemes i exercicis, suficientment complet i adequat a les seves necessitats, que els faciliti aquest entrenament previ i els permeti assimilar de forma adequada la matèria que s'imparteix a les classes de teoria d'aquestes dues assignatures. Per configurar-lo hem utilitzat problemes d'una versió anterior d'aquesta obra, exercicis dels exàmens de les assignatures de Càlcul II dels darrers cursos i altres d'inèdits.

El llibre està dividit en set capítols. Als sis primers hi ha els enunciats dels problemes dels temes clàssics d'un curs de Càlcul Infinitesimal de diverses variables, com són la diferenciabilitat, la integració i el càlcul vectorial. I al capítol 7 s'inclouen les solucions dels exercicis proposats.

Agraïm la col·laboració dels companys de la Secció de Terrassa del departament de Matemàtica Aplicada II per la seva aportació desinteressada de problemes que formen part d'aquest recull.

Terrassa, febrer 2014.

M. C. Leseduarte, M. D. Llongueras i A. Magaña

1

Corbes parametritzades

1.1 Parametrització de corbes

1. Doneu parametritzacions per a les corbes següents:

  (a) Una recta que passa pel punt (a_1, a_2, a_3) segons la direcció del vector (v_1, v_2, v_3).

  (b) Una circumferència de radi R recorreguda en sentit antihorari una vegada.

  (c) Una circumferència de radi R recorreguda en sentit antihorari dues vegades.

  (d) Una el·lipse centrada en $(0,0)$ de semieixos a i b recorreguda una vegada en sentit antihorari.

2. Doneu parametritzacions per a les corbes següents:

  (a) Una circumferència de radi R recorreguda en sentit horari una vegada.

  (b) Una el·lipse centrada en $(0,0)$ de semieixos a i b recorreguda una vegada en sentit horari.

  (c) Una hèlix circular.

  (d) Un segment que va del punt A al punt B.

3. Esbrineu una parametrització de la corba $x^2 + y^2 = 8$.

4. Doneu una parametrització de la corba que va en línia recta, primer del punt $A = (0,1,0)$ al punt $B = (0,0,1)$, i després del punt B al punt $C = (1,1,1)$.

5. Trobeu una parametrització per a la corba que descriu el moviment d'un xiclet enganxat el pneu-màtic d'una bicicleta de radi a.

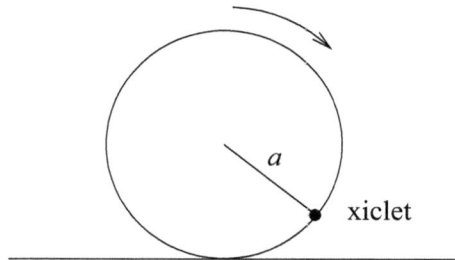

6. La roda de la dreta del dibuix gira sense lliscar sobre la roda de l'esquerra, que està centrada a l'origen. Ambdues tenen radi r. Trobeu una parametrització de la corba que descriu el punt P.

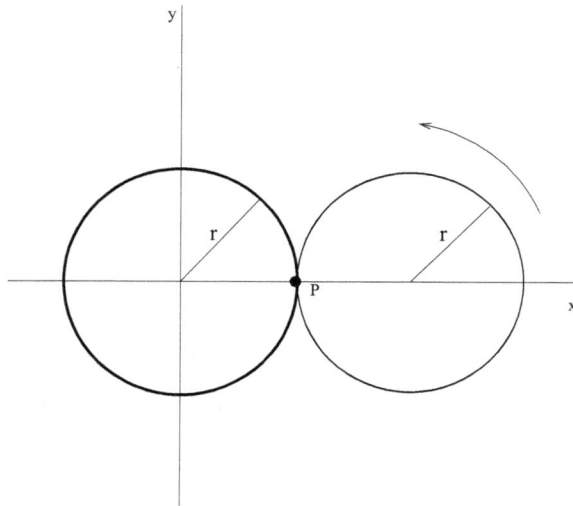

7. Considereu la roda del dibuix, que gira sense lliscar. El punt P està situat a una distància b del centre.

  (a) Determineu una parametrització de la corba que descriu el punt P.

  (b) És una parametrització regular?

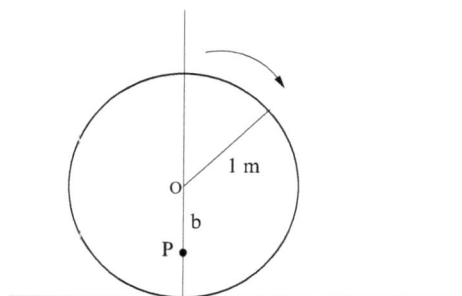

8. Una partícula va des del punt $(0,0)$ fins al punt $(1,1)$ en línia recta, retorna després a $(0,0)$ i torna de nou al punt $(1,1)$, i així, successivament. Trobeu una parametrització per a la corba que descriu el moviment de la partícula.

9. Parametritzeu una paràbola paral·lela al pla YZ que passi pel punt $(3,-1,0)$ i tingui el vèrtex en $(3,-5,-2)$.

10. Obteniu una parametrització de la corba intersecció del cilindre $9x^2 + y^2 = 1$ amb el pla $2x - z + 4 = 0$.

11. Parametritzeu la circumferència de radi 1 centrada en $(0,0,0)$ i continguda en el pla $x+y+z=0$.

12. Determineu una parametrització de la corba intersecció de l'esfera $x^2 + y^2 + z^2 = 4$ amb el cilindre $(x-1)^2 + y^2 = 1$.

13. Trobeu una parametrització de la trajectòria que segueix una partícula que recorre la circumferència de radi a centrada en $(0,0)$ amb celeritat constant v.

14. Considereu la paràbola $y^2 = 4px$, essent p un nombre real.

    (a) Doneu una nova parametrització d'aquesta paràbola fent servir el paràmetre $t = \dfrac{dy}{dx}$.

    (b) Doneu una nova parametrització de la paràbola de l'enunciat fent servir el paràmetre $u = \dfrac{y}{x}$.

1.2 Vectors tangent i normal. Celeritat. Acceleració

15. Sigui C l'arc de paràbola $y = 4x^2 + x + 1$ entre els punts $(1,6)$ i $(2,19)$. Doneu una parametrització de C tal que

    (a) L'acceleració sigui costant.

    (b) L'acceleració no sigui constant.

16. Trobeu la recta tangent a la corba $\mathbf{r}(t) = (t\cos t, t\sin t, t)$ en el punt corresponent a $t = 2\pi$.

17. Una partícula segueix la trajectòria donada per $\mathbf{r}(t) = (t, t^2, t^3)$ i a l'instant $t = 1$ es desvia per la recta tangent. Suposant que la velocitat de la partícula és, a partir de $t = 1$, constant, quina posició ocupa per a $t = 2$?

18. Determineu una corba parametritzada tal que

$$\mathbf{r}(0) = (1,2,3) \text{ i } \mathbf{r}'(t) = (-\sin t, e^t, \cos t).$$

19. Trobeu la trajectòria d'una partícula $\mathbf{r}(t)$ tal que $\mathbf{r}''(t) = (2e^t \cos t, 24t^2, 0)$ per a $t \in [0,10]$ sabent que a l'instant $t = 0$ es troba al punt $(0,0,3)$ amb velocitat $(1,1,0)$.

20. Sigui C una corba parametritzada tal que $\mathbf{r}''(t) = 0$, per a tot t. Demostreu que C és una recta o un punt.

21. Dos cossos viatgen seguint les trajectòries el·líptiques

$$C_1 : \begin{cases} x = 4\cos t \\ y = 2\sin t \end{cases} \quad \text{i} \quad C_2 : \begin{cases} x = 2\sin 2t \\ y = 3\cos 2t \end{cases}$$

Amb quina raó varia la distància entre els cossos en $t = \pi$?

1.3 Longitud de corbes

22. Determineu la longitud de les corbes següents:

(a) $\mathbf{r}(t) = (\cos 3t, \sin 3t, 4t)$ quan $0 \le t \le 2$.

(b) $\mathbf{r}(t) = (1 - \cos t, \sin t)$ quan $0 \le t \le 2\pi$.

23. Calculeu la longitud de l'astroide d'equacions $x = a\cos^3 t$, $y = a\sin^3 t$.

24. Esbrineu la longitud d'una cardioide d'equació $r = a(1 + \cos\alpha)$.

25. Una partícula es mou sobre una corba plana que té per equacions paramètriques

$$x = \frac{1}{2}t^2 - t, \qquad y = \frac{4}{3}t^{3/2},$$

on t representa el temps en segons. Trobeu la distància que recorre en els dos primers segons.

26. Obteniu la longitud d'un arc de cicloide $x = a(t - \sin t)$, $y = a(1 - \cos t)$.

27. Calculeu la longitud de l'espiral d'*Arquimedes* $r = b\alpha$, per a $0 < \alpha < 2\pi$, $b \in \mathbb{R}$.

1.4 *Paràmetre arc. Curvatura, torsió i tríedre de Frenet*

28. Considereu les corbes següents:

   (a) $\mathbf{r}(t) = (\cos 3t, \sin 3t, 4t)$ quan $0 \leq t \leq 2$.

   (b) $\mathbf{r}(t) = (1 - \cos t, \sin t)$ quan $0 \leq t \leq 2\pi$.

   Estan parametritzades per l'arc? En cas negatiu doneu una parametrització per l'arc.

29. Sigui la corba $\mathbf{r}(t) = e^t \cos t \, \mathbf{i} + e^t \sin t \, \mathbf{j} + e^t \, \mathbf{k}$, per a $t \geq 0$. Està parametritzada pel paràmetre arc? En cas negatiu doneu una parametrització que utilitzi el paràmetre arc.

30. Proveu que la curvatura d'un cercle de radi R és $\dfrac{1}{R}$ en qualsevol punt.

31. Determineu la curvatura de les corbes

   (a) $\mathbf{r}(t) = (\cos 3t, \sin 3t, 4t)$ quan $0 \leq t \leq 2$.

   (b) $\mathbf{r}(t) = (1 - \cos t, \sin t)$ quan $0 \leq t \leq 2\pi$.

   (c) $\dfrac{x^2}{a^2} + \dfrac{y^2}{b^2} = 1$.

32. Calculeu la curvatura de la corba $y = 3x - x^3$ en el punt on la funció pren el seu màxim local.

33. Esbrineu el punt de la corba $y = e^{2x}$ on la curvatura és màxima.

34. Determineu les curvatures màxima i mínima de la corba

$$\mathbf{r}(t) = (t, -\ln(\cos t)) \quad \text{amb} \;\; t \in \left[-\frac{\pi}{6}, \frac{\pi}{4} \right].$$

35. Una força actua sobre una partícula que es mou seguint la trajectòria donada per

$$\mathbf{r}(t) = (\cos t, \sin t, \sin t + \cos t), \quad \text{per a} \;\;\; t \geq 0.$$

   (a) Calculeu la curvatura d'aquesta corba en cada punt.

   (b) Trobeu la torsió en cada punt.

   (c) Com és la força que actua sobre la partícula?

36. Donat l'arc de cicloide $x = a(t - \sin t)$ $y = a(1 - \cos t), t \in [0, 2\pi]$

    (a) Deduïu el valor mínim de la curvatura.

    (b) Determineu les components tangencial i normal de l'acceleració en un punt qualsevol.

37. Una partícula es mou sobre la corba $\mathbf{r}(t) = (\cos t, 2\sin t, 1)$ quan $t \in [0, 2\pi]$.

    (a) Doneu els valors màxim i mínim de la curvatura.

    (b) Escriviu les components tangencial i normal de l'acceleració.

    (c) Calculeu la torsió a cada punt.

38. Sigui l'hèlix circular donada per $\mathbf{r}(t) = (\cos t, \sin t, t)$.

    (a) Doneu en cada punt el tríedre de *Frenet* i el pla osculador.

    (b) Demostreu que l'angle que forma el vector tangent a aquesta corba, en qualsevol punt, amb el pla $z = 0$ és constant.

39. Sigui $\mathbf{r}(t) = \left(3\cos\dfrac{t}{5}, 3\sin\dfrac{t}{5}, 4\dfrac{t}{5} \right), t \in \mathbb{R}$, una corba a l'espai.

    (a) Obteniu el vector tangent unitari i proveu que la corba està parametritzada per l'arc.

    (b) Calculeu la curvatura i el vector normal principal.

    (c) Escriviu el vector binormal i la torsió.

    (d) Determineu les equacions paramètriques i l'equació cartesiana del pla osculador en un punt $\mathbf{r}(t)$.

    (e) Demostreu que la recta que passa pel punt $\mathbf{r}(t)$ amb vector director el normal principal talla l'eix z, i ho fa sota un angle de $\frac{\pi}{2}$ radians.

40. Considereu la corba de $\mathbb{R}^3$, $\mathbf{r}(t) = \left(\dfrac{4}{5}\cos t, 1 - \sin t, \dfrac{-3}{5}\cos t \right), t \in \mathbb{R}$.

    (a) Comproveu que està parametritzada per l'arc.

    (b) Trobeu la curvatura i la torsió en cada punt.

    (c) Calculeu el tríedre de *Frenet*.

    (d) Demostreu que la corba és una circumferència. Calculeu-ne el centre i el radi.

41. Sigui la corba $\mathbf{r}(t) = \left(\dfrac{\cos t}{\sqrt{2}} + \dfrac{\sin t}{\sqrt{6}}, \dfrac{-\cos t}{\sqrt{2}} + \dfrac{\sin t}{\sqrt{6}}, \dfrac{-2}{\sqrt{6}}\sin t \right), t \in [0, 2\pi]$.

(a) Està parametritzada per l'arc?

(b) Calculeu la curvatura i la torsió a cada punt.

(c) De quina corba es tracta? Esbrineu–ne el centre i el radi.

(d) Determineu el pla que conté la corba.

42. Considereu la corba parametritzada $r(t) = (\cos t + t \sin t, \sin t - t \cos t)$ amb $t \geq 0$.

(a) Trobeu la curvatura.

(b) Trobeu una parametrització de la seva evoluta.

43. Un tram de via de ferrocarril d'un parc d'atraccions té la forma de la corba $200x = y^2$.

(a) Trobeu una parametrització regular de la corba.

(b) Determineu els punts on la curvatura i la torsió són màximes.

(c) Si un tren circula de manera que la component normal de la seva acceleració no pot excedir 25 m/s^2, quina és la celeritat màxima possible quan pren la corba en $(0,0)$?

44. En quins punts la tangent a la corba $\mathbf{r}(t) = (3t - t^3, 3t^2, 3t + t^3)$ per a $t \in \mathbb{R}$ és paral·lela al pla $3x + y + z + 2 = 0$?

45. Esbrineu els punts de la corba $\mathbf{r}(t) = \left(\dfrac{2}{t}, \ln t, -t^2 \right)$ amb $t \in (0, +\infty)$ on el vector binormal és paral·lel al pla $x - y + 8z + 2 = 0$

46. L'accelerador nuclear d'un cert laboratori és circular de radi $\dfrac{2}{3}$ de km. Determineu la magnitud de la component normal de l'acceleració d'un protó, que es mou dins de l'accelerador, en l'instant en què la celeritat és $4 \cdot 10^5$ m/s.

47. Considereu la corba $\mathbf{r}(t) = (e^t \cos t, e^t \sin t, e^t)$.

(a) Demostreu que en cada un dels punts de la corba corresponents a $t = \frac{\pi}{4}$ i $t = \frac{5\pi}{4}$ el pla osculador és paral·lel a l'eix OX.

(b) En algun d'aquests punts calculeu l'equació dels plans que formen el tríedre de *Frenet*.

(c) Obteniu la longitud de la corba entre aquests dos punts.

48. Demostreu que la corba

$$\mathbf{r}(t) = \left(e^{t/\sqrt{2}} \cos t, e^{t/\sqrt{2}} \sin t, e^{t/\sqrt{2}} \right), \ t \in [a,b]$$

està sobre un con, i que en el punt $(1,0,1)$ l'angle entre la corba i el pla tangent al con és de 0 radians.

49. Considereu la corba del pla definida per a cada $a > 0$ per

$$r(t) = \left(\frac{at}{1+t^2}, \frac{at^2}{1+t^2} \right) \quad t \in \mathbb{R}.$$

(a) Trobeu la seva longitud per a $t \in [0,1]$.

(b) La recta tangent a la corba en el punt corresponent a $t = 2$, juntament amb els eixos de coordenades, determina un triangle rectangle al primer quadrant. Trobeu-ne l'àrea.

(c) Escriviu l'equació de la corba en coordenades cartesianes i identifiqueu-la.

1.5   *Breu resum teòric i fórmules d'ús freqüent*

- Longitud de la corba parametritzada $\mathbf{r}(t)$ entre a i b:

$$\int_a^b \|\mathbf{r}'(t)\| \, dt.$$

- Curvatura d'una corba donada en coordenades paramètriques $\mathbf{r}(t) = (x(t), y(t), z(t))$:

$$\kappa = \frac{\|\mathbf{r}'(t) \wedge \mathbf{r}''(t)\|}{\|\mathbf{r}'(t)\|^3}.$$

- Torsió d'una corba donada en coordenades paramètriques $\mathbf{r}(t) = (x(t), y(t), z(t))$:

$$\tau = \frac{[\mathbf{r}'(t) \wedge \mathbf{r}''(t)] \cdot \mathbf{r}'''(t)}{\|\mathbf{r}'(t) \wedge \mathbf{r}''(t)\|^2},$$

o equivalentment

$$\tau = \frac{\det [\mathbf{r}'(t), \mathbf{r}''(t), \mathbf{r}'''(t)]}{\|\mathbf{r}'(t) \wedge \mathbf{r}''(t)\|^2}.$$

- A cada punt d'una corba regular, donada per una parametrització $\mathbf{r}(t)$, es pot definir un vector tangent i un normal unitaris:

$$\mathbf{T}(t) = \frac{\mathbf{r}'(t)}{\|\mathbf{r}'(t)\|}, \qquad \mathbf{N}(t) = \frac{\mathbf{T}'(t)}{\|\mathbf{T}'(t)\|}$$

- El vector tangent unitari i el vector normal principal generen el pla osculador. El vector $\mathbf{T} \times \mathbf{N}$ (vector associat al pla osculador) s'anomena vector binormal:

$$\mathbf{B}(t) = \mathbf{T}(t) \times \mathbf{N}(t)$$

- En cada punt de la corba donada per $\mathbf{r}(t)$ tenim tres vectors perpendiculars entre sí: $\mathbf{T}, \mathbf{N}$ i $\mathbf{B}$ que, en aquest ordre, determinen un sistema de referència orientat positivament. Aquests tres vectors formen l'anomenat *tríedre de Frenet*:

$$\begin{cases} \mathbf{T}(t) = \dfrac{r'(t)}{||r'(t)||} \\[2mm] \mathbf{N}(t) = \dfrac{T'(t)}{||T'(t)||} \\[2mm] \mathbf{B}(t) = \mathbf{T}(t) \times \mathbf{N}(t) \end{cases}$$

- Components tangencial i normal de l'acceleració:

$$\mathbf{r}''(t) = \frac{d^2 s}{dt^2}\mathbf{T} + \kappa \left(\frac{ds}{dt}\right)^2 \mathbf{N}$$
$$= \frac{d}{dt}||\mathbf{r}'(t)||\,\mathbf{T} + \kappa ||\mathbf{r}'(t)||^2 \mathbf{N}$$

on s és el paràmetre longitud d'arc i κ és la curvatura.

També

$$a_T = \frac{\mathbf{r}' \cdot \mathbf{r}''}{||\mathbf{r}'||}, \quad a_N = \frac{||\mathbf{r}' \wedge \mathbf{r}''||}{||\mathbf{r}'||}.$$

2

Introducció a les funcions de diverses variables

2.1 Camps vectorials i escalars. Estudi topològic d'un conjunt

1. Estudieu el domini i representeu gràficament els camps vectorials següents:

    (a) $\mathbf{F}(x,y) = (2x,y)$.

    (b) $\mathbf{F}(x,y) = (-y,x)$.

    (c) $\mathbf{F}(x,y) = \dfrac{x}{\sqrt{x^2+y^2}}\,\mathbf{i} + \dfrac{y}{\sqrt{x^2+y^2}}\,\mathbf{j}$.

    (d) $\mathbf{F}(x,y,z) = -GMm\,\dfrac{\mathbf{r}}{|\mathbf{r}|^3}$, on $\mathbf{r} = (x,y,z)$ (camp gravitatori).

2. Determineu el domini del camp escalar

$$f(x,y) = \frac{1}{\sqrt{25-x^2-y^2}} + \sqrt{4-x^2},$$

dibuixeu–lo i estudieu–lo topològicament.

3. Determineu el domini del camp escalar $f(x,y) = \dfrac{35}{\sqrt{4y^2-x^2-16}}$ i analitzeu–lo topològicament.

4. Analitzeu topològicament un pla i una recta de $\mathbb{R}^3$.

5. És compacte el conjunt $A = \left\{ (x,y,z) \in \mathbb{R}^3 : z = \dfrac{1}{\sqrt{25 - x^2 - y^2}} \right\}$?

6. Estudieu topològicament els conjunts següents:

    (a) $A = \{(x,y,z) \in \mathbb{R}^3 : 2x + y = 0,\ x + y + z = 0\}$.

    (b) $B = \{(x,y) \in \mathbb{R}^2 : 0 < x \leq 2,\ y = x^2\}$.

    (c) $C = \left\{ (x,y) \in \mathbb{R}^2 : x \in [-3,3] \setminus \{1\},\ y = \dfrac{1}{x-1} \right\}$.

    (d) $D = \{(x,y) \in \mathbb{R}^2 : x^2 + y^2 > 1\}$.

7. Dibuixeu els conjunts de $\mathbb{R}^2$ següents i estudieu–los topològicament:

    (a) $A = \{(x,y) \in \mathbb{R}^2 : |x| \leq 1,\ |y| \leq 1\}$.

    (b) $B = \{(x,y) \in \mathbb{R}^2 : |x + y| \leq 1\}$.

    (c) $C = \{(x,y) \in \mathbb{R}^2 : |x| + |y| \leq 1\}$.

    (d) $D = \{(x,y) \in \mathbb{R}^2 : \text{màx}\{|x|,\ |y|\} \leq 1\} \cup \{(x,y) \in \mathbb{R}^2 : y = 0\}\}$.

2.2 Representació gràfica. Conjunts de nivell

8. Dibuixeu les corbes de nivell de les funcions següents:

    (a) $f(x,y) = x^2 + y^2$.

    (b) $f(x,y) = 3x^2 + 2y^2$.

    (c) $f(x,y) = 9 - x^2 - y^2$.

9. Feu el mateix per a les funcions següents:

    (a) $f(x,y) = x^2 - x$.

    (b) $f(x,y) = \text{màx}\{|x|, |y|\}$.

    (c) $f(x,y) = x^2 - y^2$.

    (d) $f(x,y) = \frac{1}{3}\sqrt{36 - 9x^2 - 4y^2}$.

10. Feu un esbós de les corbes de nivell de les funcions següents:

    (a) $f(x,y) = |xy|$.

    (b) $f(x,y) = x^{2/3} + y^{2/3}$.

    (c) $f(x,y) = x^3 - y + 3$.

    (d) $f(x,y) = |x| + |y|$.

11. Classifiqueu i dibuixeu les corbes de nivell de la funció $f(x,y) = \dfrac{x^2}{x+y^2}$.

12. Estudieu les superfícies de nivell de les funcions següents:

    (a) $f(x,y,z) = x^2 + y^2 + z^2$.

    (b) $f(x,y,z) = \dfrac{x^2}{4} + \dfrac{y^2}{9} + \dfrac{z^2}{16}$.

    (c) $f(x,y,z) = x^2 + 2y^2$.

13. Feu el mateix per a les funcions següents:

    (a) $f(x,y,z) = x^2 + y^2 - z^2$.

    (b) $f(x,y,z) = x^2 - 2x + 1$.

14. Descriviu la gràfica de les superfícies següents:

    (a) $4x^2 - 3y^2 + 2z^2 = 0$.

    (b) $z^2 = y^2 + 4$.

    (c) $z = \dfrac{y^2}{4} - \dfrac{x^2}{9}$.

15. Sigui $f(x,y) = x^2 + ky^2$, quina de les respostes següents és correcta?

    (a) Les corbes de nivell positiu són el·lipses si $k \neq 0$.

    (b) La gràfica de f és una paràbola si $k = 0$.

    (c) Les corbes de nivell positiu són hipèrboles quan $k < 0$.

    (d) Cap de les anteriors no és correcta.

16. Classifiqueu (és a dir, digueu de quin tipus són) les superfícies definides per $y^2 + z - 4 = 0$ i $x^2 + 3y^2 = z$. Determineu la projecció de la seva intersecció sobre el pla XY i classifiqueu–la.

17. Aparelleu cada funció amb les corbes de nivell corresponents:

(a) $f(x,y) = x^2 - y^2$.

(b) $f(x,y) = x - y + 2$.

(c) $f(x,y) = x^2 + 4y^2$.

(d) $f(x,y) = \dfrac{1}{\sqrt{16 - 4x^2 - y^2}}$.

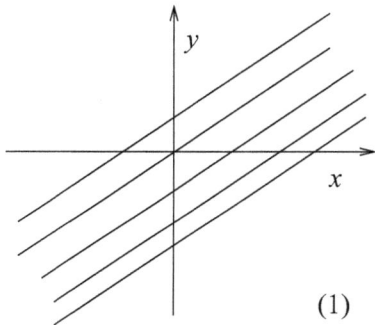

(1)

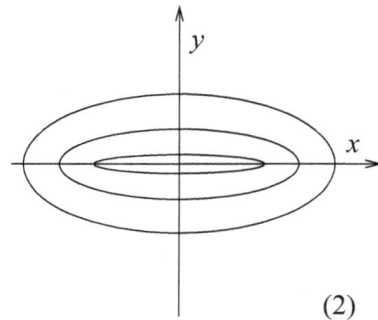

(2)

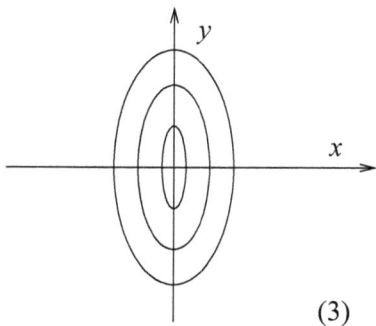

(3)

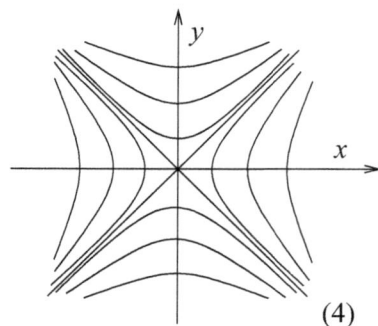

(4)

18. Considereu la funció $f(x,y) = \sqrt{\dfrac{y - x^2}{y}}$.

(a) Determineu i dibuixeu el domini de la funció. Estudieu-lo topològicament.

(b) Classifiqueu i dibuixeu les corbes de nivell.

2.3 Breu resum teòric i fórmules d'ús freqüent

Còniques

Anomenem *el·lipse* el lloc geomètric dels punts $P = (x,y)$ del pla tals que la suma de distàncies a dos punts fixos, F_1 i F_2, anomenats *focus*, és constant:

$$d(P,F_1) + d(P,F_2) = k.$$

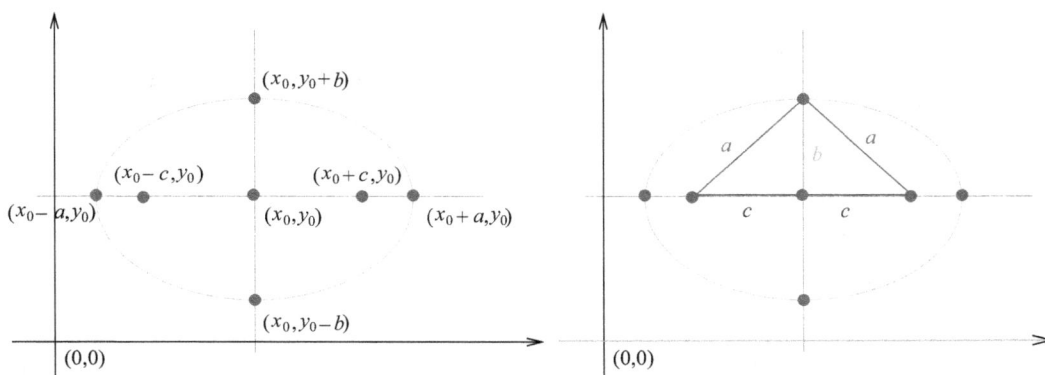

Quan el centre és (x_0, y_0), els focus són $(x_0 - c, y_0)$ i $(x_0 + c, y_0)$ i els vèrtexs són $(x_0 - a, y_0)$, $(x_0 + a, y_0)$, $(x_0, y_0 - b)$ i $(x_0, y_0 + b)$, l'equació de l'el·lipse és:

$$\frac{(x - x_0)^2}{a^2} + \frac{(y - y_0)^2}{b^2} = 1.$$

En el cas particular que els semieixos d'una el·lipse siguin iguals obtenim una circumferència. Anomenem *circumferència* el lloc geomètric dels punts del pla que equidisten d'un punt fix anomenat *centre*. Aquesta distància es coneix com a *radi*.

L'equació de la circumferència de centre (x_0, y_0) i radi r és:

$$(x - x_0)^2 + (y - y_0)^2 = r^2.$$

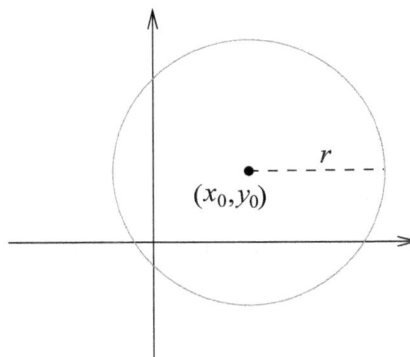

Anomenem *hipèrbola* el lloc geomètric dels punts $P = (x,y)$ del pla tals que el valor absolut de la diferència de les distàncies a dos punts fixos, F_1 i F_2, anomenats *focus*, és constant:

$$|d(P,F_1) - d(P,F_2)| = k.$$

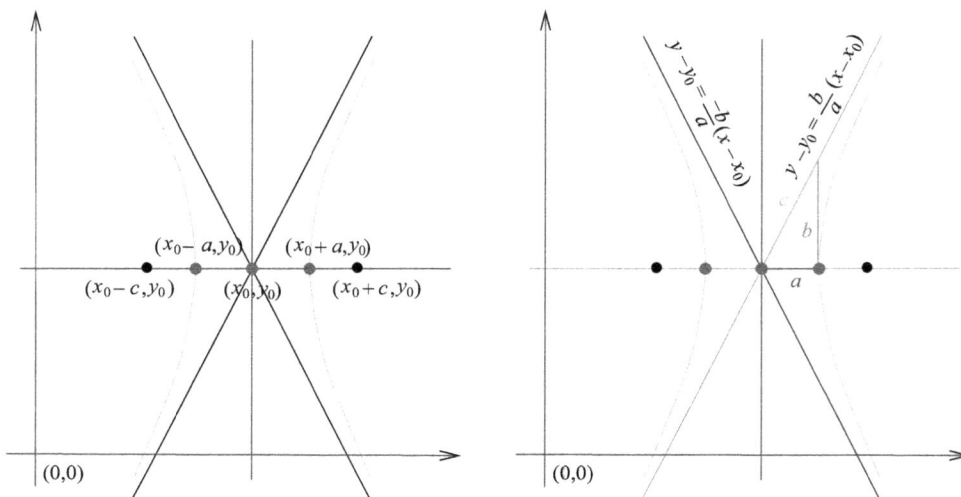

Quan el centre és (x_0, y_0), els focus són $(x_0 - c, y_0)$ i $(x_0 + c, y_0)$ i els vèrtexs són $(x_0 - a, y_0)$ i $(x_0 + a, y_0)$, l'equació de la hipèrbola és:

$$\frac{(x - x_0)^2}{a^2} - \frac{(y - y_0)^2}{b^2} = 1.$$

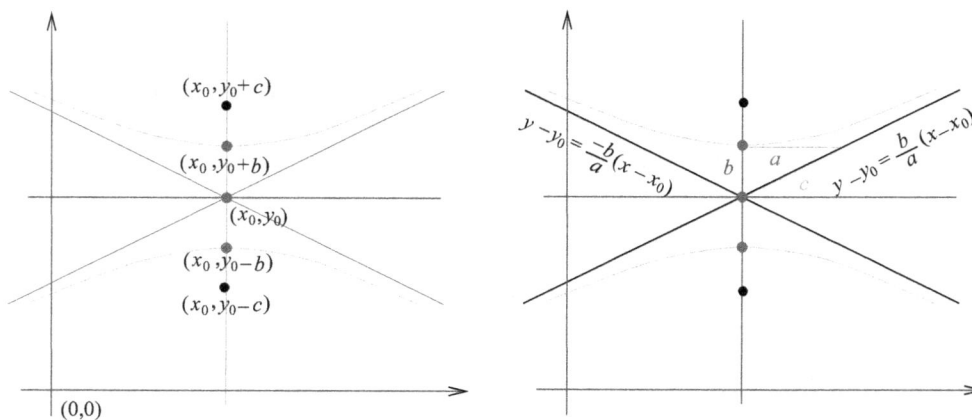

Anàlogament, permutant les x i les y obtenim l'equació de la hipèrbola:

$$-\frac{(x - x_0)^2}{a^2} + \frac{(y - y_0)^2}{b^2} = 1.$$

Anomenem *paràbola* el lloc geomètric dels punts P del pla que equidisten d'un punt fix, F, anomenat *focus*, i d'una recta fixa r, anomenada *directriu*:

$$d(P,F) = d(P,r).$$

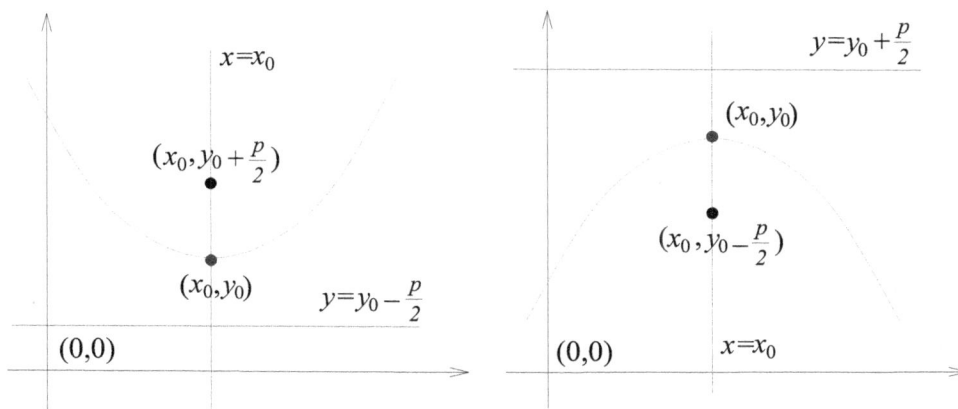

L'equació de la paràbola de vèrtex (x_0, y_0), centre $(x_0, y_0 \pm \frac{p}{2})$ i paràmetre p és:

$$(x - x_0)^2 = \pm 2p(y - y_0).$$

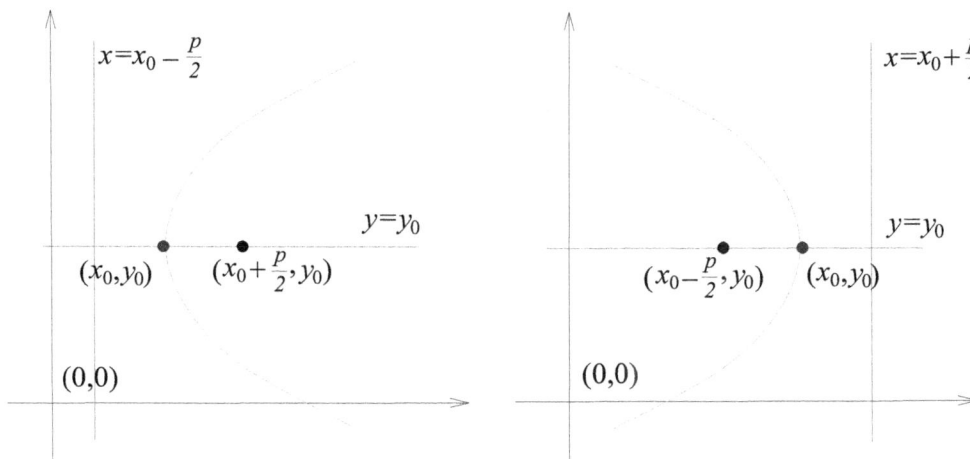

Anàlogament, permutant les x i les y obtenim l'equació de la paràbola:

$$(y - y_0)^2 = \pm 2p(x - x_0).$$

Quàdriques

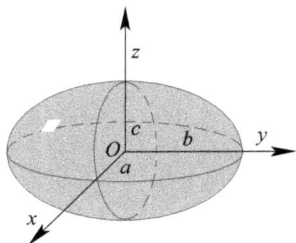

el·lipsoide

$$\frac{x^2}{a^2} + \frac{y^2}{b^2} + \frac{z^2}{c^2} = 1$$

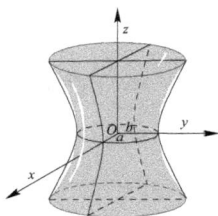

hiperboloide d'una fulla

$$\frac{x^2}{a^2} + \frac{y^2}{b^2} - \frac{z^2}{c^2} = 1$$

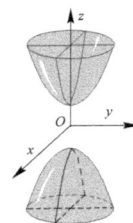

hiperboloide de dues fulles

$$\frac{x^2}{a^2} + \frac{y^2}{b^2} - \frac{z^2}{c^2} = -1$$

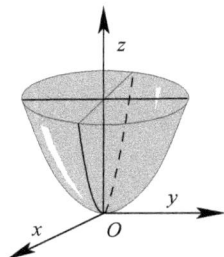

paraboloide el·líptic

$$z = \frac{x^2}{a^2} + \frac{y^2}{b^2}$$

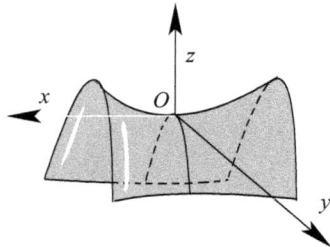

paraboloide hiperbòlic

$$z = \frac{x^2}{a^2} - \frac{y^2}{b^2}$$

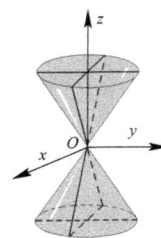

con

$$\frac{x^2}{a^2} + \frac{y^2}{b^2} - \frac{z^2}{c^2} = 0$$

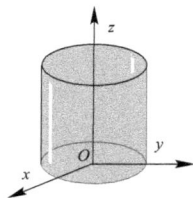

cilindre el·líptic

$$\frac{x^2}{a^2} + \frac{y^2}{b^2} = 1$$

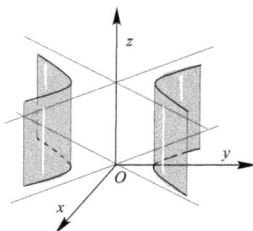

cilindre hiperbòlic

$$\frac{x^2}{a^2} - \frac{y^2}{b^2} = 1$$

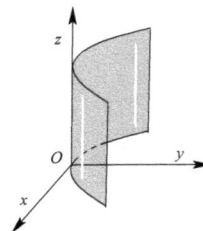

cilindre parabòlic

$$y = \frac{x^2}{2p}$$

3

Diferenciabilitat de funcions de diverses variables

3.1 Límits i continuïtat

1. Sigui la funció $f(x,y) = \sqrt{2x^2 + y^2} \, \sin \dfrac{1}{xy}$.

    (a) Trobeu els seus límits direccionals en $(0,0)$.

    (b) Demostreu que existeix el límit de f en $(0,0)$.

2. Calculeu, si existeixen, els límits següents:

    (a) $\displaystyle \lim_{(x,y)\to(0,0)} \frac{x + \sin(x+y)}{x+y}$.

    (b) $\displaystyle \lim_{(x,y)\to(0,0)} \frac{\sin x}{\sin y}$.

    (c) $\displaystyle \lim_{(x,y)\to(0,0)} \left(\frac{x^2 y - xy^2}{x^2 + y^2}, xy \cos \frac{1}{y} \right)$.

    (d) $\displaystyle \lim_{(x,y)\to(2,1)} \frac{x^2 + xy + 1}{xy - x - 2y - 2}$.

(e) $\displaystyle\lim_{(x,y)\to(1,0)} \frac{2x^2+xy-y^2}{xy-y^2}$.

3. Determineu, si existeix, el límit de la funció

$$f(x,y) = \frac{(x-1)^2(y+2)}{(x-1)^2+(y+2)^2}$$

en el punt $(1,-2)$.

4. Calculeu els límits següents:

(a) $\displaystyle\lim_{(x,y)\to(0,0)} \frac{x^2(x+3)+y^2(3-x)}{x^2+y^2}$.

(b) $\displaystyle\lim_{(x,y)\to(2,-1)} \frac{y(x-2)-(y+1)^2}{(x-2)^2+(y+1)^2}$.

5. Raoneu l'existència del límit següent i calculeu–lo si és possible:

$$\lim_{(x,y)\to(0,0)} \frac{(x^2+y^2)^{3/2}}{(x^2+2y^2)\ln(x^2+y^2)}$$

6. Estudieu la continuïtat de les funcions següents:

(a) $f(x,y) = \begin{cases} \dfrac{xy}{x^2+y^2-2x} & \text{si} \quad x^2+y^2-2x \neq 0 \\ 0 & \text{si} \quad x^2+y^2-2x = 0. \end{cases}$

(b) $\mathbf{F}(x,y) = \begin{cases} \left(\dfrac{xy}{x+y^2}, 2x+y \right) & \text{si} \quad x+y^2 \neq 0 \\ (0,0) & \text{si} \quad x+y^2 = 0. \end{cases}$

7. Demostreu que no existeix el límit de la funció

$$f(x,y,z) = \frac{x^2+y^2-z^2}{x^2+y^2+z^2}$$

en $(0,0,0)$ i que, per tant, no es pot evitar la discontinuïtat de f en aquest punt.

8. Demostreu que no existeix el límit de la funció

$$f(x,y,z) = \frac{2e^{x-1}-e^{y-2}-e^z}{e^{x-1}+e^{y-2}-2e^z}$$

en $(1,2,0)$.

9. Siguin la funció $f : \mathbb{R}^2 \longrightarrow \mathbb{R}$ definida per $f(x,y) = \dfrac{xy}{x+y-2}$, i el conjunt

$$K = \{(x,y) \in \mathbb{R}^2 : x^2 + y^2 \leq 1\}.$$

Demostreu que $f(K)$ és un compacte de $\mathbb{R}$.

10. Siguin $K = \{(x,y) \in \mathbb{R}^2 : x^2 + y^2 \leq 2x, \ y \leq x\}$ i $\mathbf{F} : \mathbb{R}^2 \longrightarrow \mathbb{R}^2$ definida per

$$\mathbf{F}(x,y) = \begin{cases} \left(\dfrac{x^2 y}{x^2 + y^2}, \ \sin(x+y) \right) & \text{si} \quad (x,y) \neq (0,0) \\ (0,0) & \text{si} \quad (x,y) = (0,0). \end{cases}$$

   (a) Proveu que K és compacte.
   (b) Estudieu la continuïtat de f.
   (c) Analitzeu la compacitat de $f(K)$.

3.2 Derivades direccionals i diferenciabilitat

11. Calculeu la derivada direccional de la funció $f(x,y,z) = x^2 - y^2 + xyz^2 - xz$ al punt $(1,2,3)$ seguint la direcció del vector $(1,-1,0)$. En quina direcció és màxima la derivada direccional de f? Quin és aquest màxim?

12. Trobeu la derivada direccional de la funció $f(x,y) = e^{xy}$ en el punt $\left(\frac{\sqrt{2}}{2}, \frac{\sqrt{2}}{2} \right)$ seguint les direccions que s'indiquen:

   (a) La direcció de màxim creixement de la funció.
   (b) La corba $x^2 + y^2 = 1$ en sentit antihorari.

13. Determineu el pendent de la funció $f(x,y) = 25 - x^2 - 2y^2$ en el punt $(1,2,16)$ en les direccions dels eixos OX i OY.

14. Calculeu la derivada direccional de la funció $f(x,y) = \dfrac{4x}{x^2 + y^2}$ en el punt $(0,1)$ en la direcció d'un vector que formi un angle de 60° amb l'eix d'abscisses.

15. Calculeu la derivada de la funció $f(x,y,z) = \dfrac{x}{\sqrt{x^2 + y^2 + z^2}}$ en el punt $(1,2,-2)$ segons la direcció de la corba $\mathbf{r}(t) = (t, 2t^2, -2t^4)$.

16. Suposem que la temperatura en un punt (x, y, z) de l'espai està donada per la funció $T(x, y, z) = 50 + xyz$.

(a) Calculeu el coeficient de variació de la temperatura en el punt $(3, 4, 1)$ en la direcció del vector $(1, 2, 2)$.

(b) Obteniu el coeficient de màxima variació en el mateix punt i la direcció en què es produeix aquest màxim.

17. Suposem que la superfície exterior de la muntanya de Sant Llorenç del Munt (*La Mola*), de 1093 metres d'altura, es pogués descriure mitjançant la funció

$$f(x, y) = 1093 - 0.002x^2 - 0.005y^2.$$

Un grup d'excursionistes està esmorzant en el punt de coordenades $(150, 100)$, que correspon a una alçada de 998 metres, quan comença a ploure a bots i barrals.

(a) En quina direcció i sentit convé que es moguin per baixar al ritme més ràpid possible?

(b) Quin serà, en aquest cas, el ritme de descens?

18. Trobeu la derivada direccional de $f(x, y) = x - y^2$ seguint la paràbola $y = 2x - 3x^2$ en el punt de coordenades $(1, -1)$.

19. Un grup d'amics decideix pujar al cim del Montcau de 1053 m d'altura. Imagineu que la seva superfície es pot descriure aproximadament mitjançant la funció

$$f(x, y) = 1053 - 0.002x^2 - 0.005y^2,$$

on x i y són les coordenades est–oest i nord–sud, respectivament. Quan estan al punt de coordenades $(250, 140)$, que correspon a una altura de 830 m, se separen. Uns es dirigeixen al cim del Montcau i els altres van cap a Coll d'Eres.

(a) Traceu les corbes de nivell de $f(x, y)$.

(b) Pels que decideixen anar al cim, en quina direcció convé que es moguin per tal de pujar al ritme més ràpid possible? Quin serà, en aquest cas, el ritme d'ascensió?

(c) Els que es desvien cap a Coll d'Eres segueixen la trajectòria donada per

$$\mathbf{r}(x) = (x, -x^2 + 166x + 21140).$$

Quin és el seu ritme d'ascensió?

(d) Un ciclista segueix el mateix camí $\mathbf{r}(x)$, dels que van a Coll d'Eres. Suposem que la velocitat màxima que pot assolir el ciclista al llarg d'una corba és inversament proporcional a l'arrel cúbica de la curvatura: $v_{max} = \frac{32}{\sqrt[3]{\kappa}}$, on κ és la curvatura de $\mathbf{r}(x)$. Quina és la velocitat màxima que pot agafar el ciclista (sense perill) en el punt $x = 83$?

20. La superfície d'un llac artificial es representa al pla XY per una regió S de manera que la profunditat (en metres) de l'aigua per sota del punt de coordenades (x,y) ve donada per la funció

$$p(x,y) = 20 - \frac{x^2}{500} - \frac{y^2}{125}.$$

Un nedador està dins l'aigua, al punt de coordenades $(30,0)$.

(a) Descriviu la regió S del pla XY que representa la superfície del llac.

(b) Cap a quina direcció i en quin sentit ha d'anar el nedador per tal que la profunditat de l'aigua que té a sota disminueixi més ràpidament?

(c) Si pogués nedar a velocitat constant, en quina direcció ho hauria de fer per arribar abans a la vora?

(d) Quina distància recorreria fins a la vora en cadascuna de les dues direccions dels dos apartats anteriors?

21. Obteniu les derivades parcials de les funcions següents:

(a) $f(x,y) = \dfrac{x}{x^2 + y^2}$.

(b) $f(x,y) = e^x \sin xy$.

(c) $f(x,y) = \displaystyle\int_x^y \sin t^2 \, dt$.

22. Calculeu el gradient de la funció

$$f(x,y,z) = \int_x^{xy+z^2} \frac{\sin t}{t} \, dt$$

al punt $\left(\dfrac{\pi}{2}, 1, 0\right)$.

23. Sigui $f : \mathbb{R}^2 \longrightarrow \mathbb{R}$ un camp escalar diferenciable tal que la derivada direccional segons el vector $(2,2)$ al punt $(-1,3)$ és $\sqrt{2}$, i la derivada direccional segons el vector $(3,4)$ al mateix punt val 1. Calculeu la derivada direccional de f segons el vector $(-6,8)$ en el punt $(-1,3)$.

24. Siguin f un camp escalar diferenciable i P el punt $(1,2)$. Suposem que la derivada direccional de f en P en la direcció que apunta des de P cap al punt $(4,2)$ val 3 i la derivada direccional en la direcció des de P que apunta al punt $(1,1)$ val -2.

    (a) Determineu el gradient de f al punt P.

    (b) Calculeu la derivada direccional al punt P en la direcció que va des de P cap al punt $(4,6)$.

25. Doneu la derivada de la funció $f(x,y,z) = x+y+z$ seguint la direcció del vector normal exterior a l'esfera $x^2 + y^2 + z^2 = 1$ en el punt (x_0, y_0, z_0).

26. En una placa metàl·lica la temperatura en cada punt ve donada per la funció

$$T(x,y) = 400 - 2x^2 - y^2.$$

Trobeu la trajectòria d'una partícula situada inicialment al punt $(10,10)$ sobre la placa, que segueix l'increment més gran de temperatura.

27. Una partícula es mou sobre la superfície $z = -y^2 + 1$. La temperatura sobre aquesta superfície ve donada per $T(x,y,z) = 13(x^2 + y^2) - (x^4 + y^4)$.

    (a) Descriviu les corbes de nivell i la gràfica de la funció $f(x,y) = -y^2 + 1$.

    (b) Quina direcció, en cada punt, ha de seguir la partícula per tenir el màxim decreixement de temperatura?

    (c) Doneu una parametrització d'una trajectòria sobre la superfície que vagi del punt $P = (0,1,0)$ al punt $Q = (0,2,-3)$.

28. Sigui la funció

$$f(x,y) = \ln(1 + x^2 + y^2) - \int_0^x \frac{2t}{1+t^4}\, dt.$$

Proveu que $f(x,y)$ és diferenciable en tot punt de $\mathbb{R}^2$. Calculeu el valor de la derivada direccional màxima de f al punt $(1,1)$.

29. Estudieu la diferenciabilitat de la funció següent a l'origen:

$$\mathbf{F}(x,y) = \begin{cases} \left(e^{x+y},\ \sin(x-y),\ x^2\sin\dfrac{1}{x}\right) & \text{si} \quad x \neq 0 \\ (e^y,\ \sin(-y),\ 0) & \text{si} \quad x = 0. \end{cases}$$

3.3 Funcions compostes. Regla de la cadena

30. Obteniu el coeficient de variació de la funció $f(x,y,z) = 2x^2 - y^2 z$ respecte del temps al llarg de la corba $r(t) = (\cos t, \sin t, t)$, suposant que t representa el temps.

31. Donades les funcions $f : \mathbb{R}^2 \longrightarrow \mathbb{R}$ i $\mathbf{G} : \mathbb{R}^2 \longrightarrow \mathbb{R}^2$ definides per

$$f(x,y) = x^2 + xy + y^2 \quad \text{i} \quad \mathbf{G}(x,y) = (x^2 + y, x + y),$$

determineu les derivades parcials de $f \circ \mathbf{G}$.

32. Apliqueu la regla de la cadena per calcular $\nabla(f \circ \mathbf{g})$ essent

$$f(u,v) = u \sin v, \quad \mathbf{g}(x,y) = \left(\int_0^x h(t)dt, x+y \right)$$

i h una funció integrable.

33. Calculeu dz si $z = f(x,y)$ amb $x = uv$ i $y = u^2 + v^2$.

34. Considereu $z = f(u,v)$, $u = 2x + y$ i $v = 3x - 2y$. Sabent que $\dfrac{dz}{du} = 3$ i $\dfrac{dz}{dv} = -2$ en el punt $(3,1)$, calculeu $\dfrac{dz}{dx}$ i $\dfrac{dz}{dy}$ en el punt $(1,1)$.

35. Sigui $\mathbf{F}(x,y) = (e^{x+y}, e^{x-y})$ una funció d'$\mathbb{R}^2$ en $\mathbb{R}^2$ i sigui $\mathbf{r}(t)$ una parametrització d'una corba d'$\mathbb{R}^2$ tal que $\mathbf{r}(0) = (0,0)$ i $\mathbf{r}'(0) = (1,1)$. Quin és el vector tangent a la corba $\mathbf{F}(\mathbf{r}(t))$ en $t = 0$?

36. Proveu que l'equació diferencial

$$x \frac{\partial z}{\partial x} + y \frac{\partial z}{\partial y} = 0$$

es transforma, mitjançant el canvi de variables

$$x = u \cosh v, \quad y = u \sinh v,$$

en l'equació

$$u \frac{\partial z}{\partial u} = 0.$$

37. Donada la funció $w = f(u,v)$, on $u = x^2 + 2yz$ i $v = y^2 + 2xz$, comproveu que

$$(y^2 - xz) \frac{\partial w}{\partial x} + (x^2 - yz) \frac{\partial w}{\partial y} + (z^2 - xy) \frac{\partial w}{\partial z} = 0.$$

38. Sigui $u = f(x, y)$. Demostreu que el canvi de variables

$$x = r\cos\theta, \;\; y = r\sin\theta$$

fa que es compleixi la igualtat següent:

$$\left(\frac{\partial u}{\partial x}\right)^2 + \left(\frac{\partial u}{\partial y}\right)^2 = \left(\frac{\partial u}{\partial r}\right)^2 + \frac{1}{r^2}\left(\frac{\partial u}{\partial \theta}\right)^2.$$

39. Transformeu l'equació

$$\left(\frac{\partial z}{\partial x}\right)^2 - \left(\frac{\partial z}{\partial y}\right)^2 = 0$$

mitjançant el canvi de variables

$$x = u\cosh v, \;\; y = u\sinh v,$$

suposant que z és una funció diferenciable de x i de y.

3.4 Pla tangent. Recta normal

40. Hi ha cap punt de la superfície $z = 2xy - x^2 + y^2 - 12y$ on el pla tangent és horitzontal?

41. Calculeu la recta normal a les superfícies següents als punts que s'indiquen:

    (a) $z = xy$ en $(2, 2, 4)$.

    (b) $z = \dfrac{2xy}{x^2 + y}$ en $(2, -2, -4)$.

    (c) $z = \sin x + 2\cos y$ en $\left(\frac{\pi}{2}, 0, 3\right)$.

    (d) $\dfrac{x^2}{9} + \dfrac{y^2}{4} + z^2 = 3$ en $(3, 2, 1)$.

42. Deduïu l'equació del pla tangent a les superfícies següents en els punts indicats:

    (a) $x^2 + y^2 + 2xy + yz - 1 = 0$ en $(1, 0, -2)$.

    (b) $x^2 + y^2 + z^2 = 25$ en $(3, -4, 0)$.

43. Una partícula surt del punt $(1, 1, \sqrt{3})$ sobre la superfície definida per $x^2 + y^2 - z^2 = -1$ seguint la direcció normal a la superfície i dirigint-se cap al pla XY. En quin punt creua aquest pla?

44. Suposem que una partícula es llença des del punt $(1,1,2)$ de la superfície $2x^2 + y^2 - z^2 = -1$, seguint la direcció normal a la superfície, cap al pla $z = 0$ a l'instant $t = 0$ amb una celeritat de 10 unitats per segon. Determineu quan i on creua el pla $z = 0$.

45. Trobeu un pla tangent a l'el·lipsoide $x^2 + 2y^2 + z^2 = 1$ que sigui paral·lel al pla $x - y + 2z = 0$.

46. Proveu que existeix almenys un punt de l'el·lipsoide $\dfrac{x^2}{a^2} + \dfrac{y^2}{b^2} + \dfrac{z^2}{c^2} = 1$ on el pla tangent corresponent és paral·lel al pla $Ax + By + Cz = D$. Determineu-lo. És cert això per al cilindre $\dfrac{x^2}{a^2} + \dfrac{y^2}{b^2} = 1$?

47. Determineu els punts de la superfície $x^2 + 2y^2 + 3z^2 + 2xy + 2xz + 4yz = 8$ en què el pla tangent és paral·lel al pla XY.

48. Siguin l'esfera $x^2 + y^2 + z^2 - 8x - 8y - 6z + 24 = 0$ i l'el·lipsoide $2x^2 + ay^2 + bz^2 + c = 0$. Calculeu:

    (a) Els coeficients a, b, c de manera que les dues superfícies siguin tangents en el punt de coordenades $(2, 1, 1)$.

    (b) L'equació del pla tangent comú a les dues superfícies en aquest punt.

49. Determineu l'angle d'intersecció entre l'el·lipsoide $x^2 + y^2 + 3z^2 = 25$ i la corba

$$\mathbf{r}(t) = \left(2t, \frac{3}{t}, -2t^2\right)$$

sabent que es tallen en el punt $(2, 3, -2)$.

50. Donades les circumferències $x^2 + y^2 = 1$ i $(x-1)^2 + (y-1)^2 = 1$:

    (a) Calculeu els angles d'intersecció.

    (b) Trobeu les equacions de les rectes tangents als punts d'intersecció.

51. Calculeu l'angle d'intersecció entre les corbes $x = y^2$ i $x^2 + (y-1)^2 = 1$.

52. Per a cadascuna de les funcions següents

$$f(x,y) = x^4 - 3xy + y^3,$$
$$g(x,y) = 3x^2 + 2y^2,$$

$$h(x,y) = y^4 \ln x + x^4 y^2,$$

doneu:

(a) L'equació de la corba de nivell que passa pel punt $(1,2)$.

(b) La recta normal a la corba anterior al punt $(1,2)$.

(c) La recta tangent a la corba anterior al punt $(1,2)$.

53. Determineu l'equació del pla tangent a la superfície $xy - z = 0$ que és perpendicular a la recta

$$\frac{x+2}{8} = \frac{y+2}{4} = \frac{z-1}{2}.$$

54. Donada la superfície definida per $\sqrt{x} + \sqrt{y} + \sqrt{z} = \sqrt{a}$, amb $x,y,z \geq 0$ i $a \geq 0$, considereu el pla tangent a aquesta superfície en qualsevol punt. Demostreu que la suma de les longituds dels segments que aquest pla interseca amb els eixos de coordenades és constant.

55. Considereu l'esfera $x^2 + y^2 + z^2 = a^2$, $a > 0$, i el tros de con $z^2 = x^2 + y^2$ amb $z \geq 0$.

(a) Demostreu que aquestes dues superfícies són ortogonals en qualsevol punt de la seva intersecció.

(b) Doneu una parametrització de la corba intersecció de les dues superfícies anteriors.

56. Esbrineu la condició que satisfan els punts $(a,b,c) \in \mathbb{R}^3$ tals que les esferes d'equacions

$$x^2 + y^2 + z^2 = 1 \quad \text{i} \quad (x-a)^2 + (y-b)^2 + (z-c)^2 = 1$$

es tallen perpendicularment.

57. Siguin les superfícies $x + 2y + z = 4$ i $x^2 - y^2 + z^2 = 1$ i el punt $P = (1,1,1)$.

(a) Calculeu l'angle d'intersecció entre aquestes superfícies en P.

(b) Trobeu la recta tangent a la corba intersecció de les superfícies anteriors en P.

58. Considereu l'el·lipsoide

$$x^2 + \frac{y^2}{2} + \frac{z^2}{6} = 1.$$

(a) Trobeu el punt en el qual la recta normal a l'el·lipsoide determina angles iguals amb els eixos coordenats al primer octant ($x,y,z \geq 0$).

(b) Calculeu el temps que trigaria a travessar l'el·lipsoide una partícula situada en el punt que heu trobat a l'apartat anterior, i que es mou amb una velocitat constant de 10 unitats per segon, seguint la direcció de la recta normal anterior.

59. L'equació $x^2 + y^2 - z^2 = 4$ defineix un hiperboloide d'una fulla.

(a) Escriviu l'equació implícita del pla tangent a l'hiperboloide al punt (x_0, y_0, z_0).

(b) Una pilota esfèrica de radi més gran o igual que 2 es deixa caure dins l'hiperboloide (per la part superior, és clar). Trobeu la distància del centre de la pilota al punt $(0,0,0)$ en funció del radi d'aquesta.

3.5 Derivades successives. Fórmula de Taylor

60. Per a les funcions següents comproveu la igualtat de les derivades segones encreuades:

(a) $f(x,y) = x^4 + y^4 - 4x^2y^2$.

(b) $f(x,y) = \ln(x^2 + y^2)$.

(c) $f(x,y) = \ln \dfrac{x^2}{y}$.

61. Demostreu que la funció definida per

$$f(x,y) = \begin{cases} \dfrac{xy(x^2 - y^2)}{x^2 + y^2} & \text{si} \quad (x,y) \neq (0,0) \\ 0 & \text{si} \quad (x,y) = (0,0) \end{cases}$$

és de classe C^1 en tot $\mathbb{R}^2$. Comproveu també que al punt $(0,0)$ les derivades segones encreu són distintes. Què deduïu d'aquest fet?

62. Sigui $z = xg\left(\dfrac{y}{x}\right) + h\left(\dfrac{y}{x}\right)$, on g i h són funcions derivables. Demostreu que se satisfà l'eq

$$x^2 \frac{\partial^2 z}{\partial x^2} + 2xy \frac{\partial^2 z}{\partial x \partial y} + y^2 \frac{\partial^2 z}{\partial y^2} = 0.$$

63. Una funció $f : D \longrightarrow \mathbb{R}$ de classe C^2 que satisfà *l'equació de Laplace*, $\nabla^2 f = 0$, s'anomena *funció harmònica*, essent

$$\nabla^2 f = \frac{\partial^2 f}{\partial x^2} + \frac{\partial^2 f}{\partial y^2}, \quad \text{per a } D \subset \mathbb{R}^2$$

i

$$\nabla^2 f = \frac{\partial^2 f}{\partial x^2} + \frac{\partial^2 f}{\partial y^2} + \frac{\partial^2 z}{\partial z^2}, \quad \text{per a } D \subset \mathbb{R}^3.$$

Quines de les funcions següents són harmòniques?

(a) $f(x,y) = x^3 - 3xy^2$.

(b) $f(x,y) = \sin x \cosh y$.

(c) $f(x,y) = k - x^2 - y^2$.

(d) $f(x,y) = e^{-y} \cos x$.

(e) $f(x,y,z) = \dfrac{1}{\sqrt{x^2 + y^2 + z^2}}$.

f) $f(x,y,z) = 2x^3 - y^2 + 10z$.

) $f(x,y,z) = 50 + y^2 - z^2$.

que una funció $f(x,t)$, de classe C^2, satisfà *l'equació d'ona* si

$$\frac{\partial^2 f}{\partial t^2} = c^2 \frac{\partial^2 f}{\partial x^2}, \quad \text{on } c \in \mathbb{R}.$$

que les funcions següents la compleixen.

$= A \sin(wct) \sin(wx)$ amb $x \in [0, L]$, on $f(0,t) = f(L,t) = 0$ (ona estacionària).

$= f(x \pm ct)$ (funció d'ona).

nció $f(x,t) = 2 + e^{-kt} \sin x$, on $f(x,t)$ representa la temperatura d'una vareta

des

nt x i temps t, sent k una constant positiva que depèn de la vareta.

que $f(x,t)$ satisfà *l'equació de la calor*:

ació

$$\frac{\partial f}{\partial t} = k \frac{\partial^2 f}{\partial x^2}$$

$x,t)$ quan $t \to \infty$? Interpreteu aquest límit en termes de la temperatura

66. Doneu el desenvolupament de *Taylor* en un entorn del punt $(1,1)$ fins als termes de segon ordre de la funció $f(x,y) = y^x$.

67. Trobeu el polinomi de *Taylor* de grau 2 en un entorn del punt $(0,0)$ de la funció

$$f(x,y) = \int_0^{x+y^2} e^{-t^2}\,dt.$$

68. Determineu el polinomi de *Taylor* de grau 2 de la funció $f(x,y) = \ln xy$ en el punt $(1,1)$.

69. Sigui

$$f(x,y) = \int_0^{\lambda x+y} \frac{t}{1+t^6}\,dt.$$

(a) Demostreu que $f(x,y)$ és diferenciable en tots els punts de $\mathbb{R}^2$, per a qualsevol número real λ.

(b) Determineu el valor o valors de λ per tal que el polinomi de *Taylor* de grau 2 de f a l'origen prengui el valor 4 al punt $(1,0)$.

3.6 Màxims i mínims

70. Obteniu els extrems relatius de les funcions següents:

(a) $f(x,y) = 1 + e^{-x^2}\cos y$.

(b) $f(x,y) = (x^2+y^2)^2 - 2a^2(x^2-y^2)$, $a \neq 0$.

(c) $f(x,y) = x^6 + y^6 - 3(x-y)^4$.

(d) $f(x,y) = (x+1)^4 + (y-1)^4$.

71. Trobeu els extrems relatius de les funcions següents:

(a) $f(x,y) = 9y^2 + 2x^2y + x^4 - 1$.

(b) $f(x,y) = x^3 + y^3 - 9xy + 1$.

(c) $f(x,y) = 9x^2 + 6xy + y^2 + 12x + 4y$.

(d) $f(x,y) = (x^2 - 2x + 4y^2 - 8y)^2$.

(e) $f(x,y) = (x^2 + y^2 - 2x)(x^2 + y^2 - 6x)$.

72. Calculeu els extrems relatius de les funcions de tres variables següents:

  (a) $f(x,y,z) = 2z^2 - y^2 + 2xy + 2xz + 3x$.

  (b) $f(x,y,z) = xy + yz + zx$.

73. Sigui la funció $f(x,y) = x^2 - 5xy^2 + 4y^4$ per $(x,y) \in \mathbb{R}^2$.

  (a) Comproveu que sobre cada recta que passa per l'origen, f té un mínim en $(0,0)$.

  (b) Estudieu les regions del pla on $f(x,y) = 0$, $f(x,y) > 0$ i $f(x,y) < 0$.

  (c) Discutiu si l'origen és un punt de mínim local per a f.

  Suggeriment: observeu que $f(x,y) = (x - y^2)(x - 4y^2)$.

74. Considereu la funció $f(x,y) = x^4 + y^4 - 4a^2xy + 8a^4$.

  (a) Estudieu els possibles extrems relatius de la funció anterior segons els diferents valors del paràmetre a.

  (b) Trobeu el polinomi de Taylor de segon grau de $f(x,y)$ en un entorn del punt $(0,0)$.

  (c) Estudieu les corbes de nivell d'aquest polinomi de Taylor.

75. Sigui $f(x,y) = e^{\lambda x + y^2} + \mu \sin(x^2 + y^2)$ amb $\lambda, \mu \in \mathbb{R}$. Determineu els valors dels paràmetres λ i μ sabent que f té en $(0,0)$ un extrem relatiu i que el polinomi de *Taylor* de segon grau de f a l'origen pren el valor 6 al punt $(1,2)$. Amb els resultats obtinguts abans, quin tipus d'extrem és el punt $(0,0)$ per a f?

76. Comproveu que si A, B i C són nombres no nuls, aleshores la funció $f(x,y) = Ax^3 + Bxy + Cy^2$ té un punt de sella i un extrem relatiu. Quines condicions han de satisfer A, B i C per tal que la funció tingui un màxim relatiu?

77. El polinomi de *Taylor* de segon ordre en el punt $(0,0)$ d'una certa funció $f \in C^2$ és

$$P_2(x,y) = a + (b^2 - 1)x + c(x^2 + y^2).$$

Per a quins valors dels paràmetres a, b i c podem assegurar que f té un màxim local en $(0,0)$?

78. Esbrineu els extrems absoluts de la funció

$$f(x,y) = 1 + \sqrt{x^2 + y^2}, \ (x,y) \in \mathbb{R}^2.$$

79. Determineu els extrems absoluts de les funcions següents als conjunts que s'indiquen:

(a) $f(x,y) = x(1-y^2) + \dfrac{x^2(y-1)}{2}$ en $[0,2] \times [0,2]$.

(b) $f(x,y) = x^4 + y^4 - 4(x-y)^2$ en $\{(x,y) \in \mathbb{R}^2 : 0 \le x \le 2, \ 0 \le y \le x\}$.

(c) $f(x,y) = x+y$ en $\{(x,y) \in \mathbb{R}^2 : x^2 + 2y^2 = 1\}$.

(d) $f(x,y) = x^2 - y^2 + 2xy$ en $\{(x,y) \in \mathbb{R}^2 : x^2 + y^2 \le 1\}$.

(e) $f(x,y) = x^2 + xy + y^2$ en $\{(x,y) \in \mathbb{R}^2 : x^2 + y^2 \le 4, \ y \ge 0\}$.

80. Sigui el conjunt $D = \{(x,y) \in \mathbb{R}^2 : 0 \le x \le 4, \ x^2 \le y \le 4x\}$.

(a) Dibuixeu i estudieu topològicament el conjunt D.

(b) Trobeu els extrems absoluts de la funció $f(x,y) = (x-3)^2 + y^2$ en D, si en té.

81. Analitzeu els extrems absoluts de la funció $f(x,y) = x^2 + y^2 - 2x - 2y$ sobre el compacte

$$K = \left\{ (x,y) \in \mathbb{R}^2 : x^2 + y^2 \le 8, \ x \ge 0, \ y \ge 0 \right\}.$$

82. Trobeu els extrems de la funció $f(x,y) = e^{xy}$ sobre la corba $x^2 + y^2 = 8$.

83. Obteniu els extrems absoluts de la funció

$$f(x,y) = \sin x + \sin y + \sin(x+y)$$

sobre el compacte

$$D = \left\{ (x,y) \in \mathbb{R}^2 : x \ge 0, \ y \ge 0, \ x+y \le \pi \right\}.$$

Com aplicació, proveu que si A, B i C són els angles d'un triangle, aleshores

$$\sin A + \sin B + \sin C \le \frac{3\sqrt{3}}{2}.$$

84. Calculeu els extrems de la funció $f(x,y,z) = x^2 + y^2 + z^2$ sobre la corba $z = x^2 + y^2$, $x^2 - y^2 = 4$.

85. Determineu el paral·lelepípede de volum màxim que té tres cares als plans coordenats i un vèrtex al pla $6x + 3y + 2z = 12$.

86. Una companyia produeix un mateix producte a tres factories diferents. Si x, y i z són les quantitats que pot produir a cadascuna de les tres factories, respectivament, la relació entre elles, per restriccions de producció i maquinària, ve donada per

$$x^2 + 2y^2 + 3z^2 = 1.$$

Calculeu quina és la quantitat màxima de producte que aquesta companyia pot posar al mercat.

87. Inscriviu dins l'el·lipsoide

$$\frac{x^2}{a^2} + \frac{y^2}{b^2} + \frac{z^2}{c^2} = 1$$

un paral·lelepípede rectangular de volum màxim de forma que tingui els seus costats paral·lels als eixos de coordenades.

88. Volem construir una caixa en forma de paral·lelepípede sense tapa de 54 cm³ de volum. Si el material per fer la base costa 4 euros el cm² i el de les parets val 1 euro el cm², calculeu les dimensions de manera que el cost total sigui mínim.

89. Esbrineu les distàncies màxima i mínima de l'origen de coordenades a la corba intersecció del cilindre $x^2 + y^2 = 1$ amb el pla $x - z + 1 = 0$.

90. Doneu un segment de longitud mínima entre la paràbola $y = x^2$ i la recta $x - y - 2 = 0$.

91. Un contenidor, en forma de paral·lelepípede, ha de tenir un volum de 36 m³. Trobeu les dimensions que fan mínim el cost de fabricació, sabent que el fons costa 50 euros per m², mentre que els laterals i la tapa superior costen 30 euros per m².

92. Un exemple de funció de dues variables que s'utilitza en economia és la *funció de producció de Cobb-Douglas*. Aquesta funció serveix com a model per representar el nombre d'unitats produïdes per quantitats variables de treball i de capital. Si x mesura les unitats de treball i y les de capital, el nombre total d'unitats produïdes ve donat per

$$f(x,y) = Cx^a y^{1-a} \quad \text{on} \quad C \text{ és una constant i } 0 < a < 1.$$

Suposem que un fabricant estima una funció de producció particular $P(x,y) = 100x^{1/4}y^{3/4}$ on x representa les unitats de treball (a 48 euros la unitat) i y el nombre d'unitats de capital (a 36 euros cada unitat). El cost total de treball i capital està limitat a 100.000 euros. Maximitzeu el nivell de producció per a aquest fabricant.

93. Sigui $T(x,y,z) = 20 + 2x + 2y + z^2$ la temperatura a cada punt de l'esfera $x^2 + y^2 + z^2 = 11$. Trobeu les temperatures extremes sobre la corba intersecció d'aquesta esfera amb el pla $x + y + z = 3$.

94. La temperatura a cada punt de la superfície cilíndrica $x^2 + 2y^2 = 2$ ve donada per la funció $T(x,y,z) = kz - 2x^2 - 4y^2$, amb $k \neq 0$. Calculeu les temperatures màxima i mínima que s'asso-leixen en la corba intersecció del cilindre amb el pla $x + y + z = 1$.

95. Es vol construir una pista forestal (camí de terra) que vagi des d'un punt P situat a l'interior d'un bosc d'avets fins a la carretera que l'envolta. Segons uns estudis fets, es pot situar el punt P a l'origen, i la frontera del bosc (la carretera) es pot descriure mitjançant l'equació

$$5x^2 + 6xy + 5y^2 = 8.$$

Trobeu el trajecte que minimitza l'impacte ambiental (distància mínima de P a la carretera).

96. Calculeu els punts de la corba intersecció de les superfícies

$$x^2 - xy + y^2 - z^2 = 1 \quad \text{i} \quad x^2 + y^2 = 1$$

que són més a prop de l'origen.

97. Sigui C la corba intersecció del paraboloide $2z = 16 - x^2 - y^2$ amb el pla $x + y = 4$ al primer octant. Determineu els punts de C més propers i més allunyats de l'origen de coordenades. Calculeu les distàncies respectives.

98. Determineu els extrems absoluts de la funció $f(x,y,z) = x^2 + y^2 + z^2 + x + y + z$ sobre el conjunt

$$K = \left\{ (x,y,z) \in \mathbb{R}^3 : x^2 + y^2 + z^2 \leq 4, \ z \leq 1 \right\}.$$

99. Esbrineu els extrems absoluts de la funció $f(x,y,z) = x + y + z$ sobre el conjunt

$$K = \left\{ (x,y,z) \in \mathbb{R}^3 : x^2 + y^2 \leq z \leq 1 \right\}.$$

3.7 *Funcions inverses i implícites*

100. Sigui $\mathbf{F} : \mathbb{R}^3 \longrightarrow \mathbb{R}^3$ definida per $\mathbf{F}(x,y,z) = (2x + 3y^2, \ xyz, \ x^2 - yz)$. Calculeu $D\left(\mathbf{F}^{-1}\right)$ al punt $\mathbf{F}(0,1,-1)$.

101. Comproveu que la funció $\mathbf{F}(x,y) = \left(\dfrac{x-y}{x^2+y^2+1}, \ x \right)$ satisfà les hipòtesis del teorema de la fun-ció inversa en un entorn del punt $(1,1)$. Calculeu $D\left(\mathbf{F}^{-1}\right)(0,1)$.

102. Sigui **F** la funció definida per $\mathbf{F}(x,y) = (x+y, x^2 - y^2)$. Comproveu que **F** té inversa local de classe $\mathcal{C}^1$ en un entorn del punt $(0,1)$ i calculeu la matriu de les derivades de la inversa en el punt $(1,-1)$.

103. Estudieu si la funció $\mathbf{F}(x,y) = (x^2 + y^2, e^{x+y})$ té inversa local diferenciable en el punt $(1,1)$.

104. Donat el canvi de variables $x = r\cos\alpha$, $y = r\sin\alpha$ determineu

$$\frac{\partial r}{\partial x}, \frac{\partial r}{\partial y}, \frac{\partial \alpha}{\partial x} \text{ i } \frac{\partial \alpha}{\partial y}$$

utilitzant la diferencial de la funció inversa.

105. A partir del canvi de variable $x = u\cosh v$, $y = u\sinh v$ calculeu

$$\frac{\partial u}{\partial x}, \frac{\partial u}{\partial y}, \frac{\partial v}{\partial x} \text{ i } \frac{\partial v}{\partial y}$$

utilitzant la diferencial de la funció inversa.

106. Sigui $f : \mathbb{R}^2 \longrightarrow \mathbb{R}$ definida per $f(x,y) = x^2 + x^3 + xy + y^3 + ay$, amb $a \in \mathbb{R}$. Comproveu que per $a \neq 0$ l'equació $f(x,y) = 0$ defineix y com a funció implícita de x de classe C^∞ en un entorn del punt $(0,0)$.

107. Demostreu que l'equació $x^3 + x^2 + xy + y + y^3 = 0$ defineix y com a funció implícita de x, de classe C^∞, en un entorn del punt $(0,0)$. Sigui $y = f(x)$ aquesta funció implícita. Calculeu $f'(0)$ i $f''(0)$ i decidiu si f té un extrem relatiu en $x = 0$.

108. Proveu que l'equació $z\sin x - y\sin z = 0$ defineix z com a funció implícita diferenciable de x i y en un entorn del punt $\left(\frac{\pi}{2}, \frac{\pi}{2}, \frac{\pi}{2}\right)$. Calculeu el hessià en aquest punt.

109. Trobeu el hessià de la funció $z = f(x,y)$ definida implícitament en l'equació

$$x + 3y + 2z = \ln z.$$

110. Demostreu que l'equació $x^2 - xz + z^2 + yz + y^2 = 2$ defineix z com a funció implícita diferenciable de x i y en un entorn del punt $(x,y,z) = (1,-1,2)$. Té $z = z(x,y)$ extrem relatiu al punt $(1,-1)$?

111. Considereu l'equació

$$x^2 + x + y - z + \sin(x-y) + \cos(y-z) = 1.$$

    (a) Proveu que l'equació anterior defineix z com a funció implícita $z = h(x,y)$ de classe C^1 en un entorn del punt $(0,0,0)$.

    (b) Sigui $h(x,y)$ la funció de l'apartat anterior. Comproveu que el punt $(0,0)$ és un candidat a extrem condicionat de la funció $h(x,y)$ amb el lligam $x^2 + y^2 = 2x$.

112. Demostreu que les solucions del sistema

$$\begin{cases} x^2 + y^2 + z^2 = 3 \\ xy + yz + zx = -1 \end{cases}$$

defineixen en un entorn de $P = (-1, 1, -1)$ una corba parametritzada C. Calculeu el pla perpendicular a C en el punt P.

113. Fent servir el teorema de la funció implícita, proveu que el sistema d'equacions

$$\left. \begin{array}{r} x + y - z^2 = 1 \\ 3x^2 + 4y^2 = 4 \end{array} \right\}$$

defineix una corba parametritzada C en un entorn del punt $P = (0,1,0)$. (Indicació: considereu una parametrització del tipus $r(z) = (x(z), y(z), z)$). Calculeu la curvatura de C en el punt P.

114. L'equació $z^2 - xz - y = 0$ defineix una superfície de la forma $z = f(x,y)$ en un entorn del punt $P = (1,0,1)$. Determineu el pla tangent a aquesta superfície en el punt P.

115. El sistema

$$\left. \begin{array}{r} z^2 - xz - y = 0 \\ 2z^2 + yz - 2x = 0 \end{array} \right\}$$

defineix una corba de la forma $r(z) = (x(z), y(z), z)$ a l'entorn del punt $P = (1,0,1)$. Esbrineu la velocitat de la corba en P.

116. Considereu el sistema d'equacions següent

$$\begin{cases} x^2 z^3 - y^2 u^3 = -1 \\ 2xy^3 + u^2 z = 0 \end{cases}$$

    (a) Proveu que aquest sistema defineix x i y com a funcions implícites diferenciables de z i u en un entorn del punt $(x,y,z,u) = (0,1,0,1)$.

    (b) Sigui la funció implícita $y = y(z,u) : \mathbb{R}^2 \longrightarrow \mathbb{R}$ de l'apartat anterior. Calculeu la derivada direccional de y en la direcció del vector $(1,3)$ al punt $(0,1)$.

117. Una partícula es desplaça al llarg de la corba intersecció del pla $2x - 4y + 3z = 7$ i el cilindre $x = z^2 + 1$ amb una celeritat constant de 10 m/s. Calculeu les velocitats v_x, v_y i v_z amb les quals es mou en les direccions dels tres eixos de coordenades per a un punt corresponent a $z = 0$.

118. Sigui $(x, y) = F(u, \phi)$ definida per

$$x = \arctan u + \cos \phi$$
$$y = \sin \phi.$$

  (a) Doneu el recorregut de F i estudieu-lo topològicament.

  (b) Digueu on existeix i és diferenciable la funció F^{-1}.

  (c) Calculeu l'angle que formen, al punt on es tallen, les corbes del pla (u, ϕ) que per F es transformen en les rectes $x = 0$ i $y = 0$, respectivament.

3.8 Breu resum teòric i fórmules d'ús freqüent

Condició suficient d'extrem relatiu

Sigui a un punt crític d'una funció $f : \mathbb{R}^n \longrightarrow \mathbb{R}$, $f \in C^2$. Denotem per $H(a)$ la *matriu hessiana* de f al punt a:

$$H(a) = \begin{pmatrix} \frac{\partial^2 f}{\partial x_1^2}(a) & \frac{\partial^2 f}{\partial x_1 \partial x_2}(a) & \cdots & \frac{\partial^2 f}{\partial x_1 \partial x_n}(a) \\[2mm] \frac{\partial^2 f}{\partial x_2 \partial x_1}(a) & \frac{\partial^2 f}{\partial x_2^2}(a) & \cdots & \frac{\partial^2 f}{\partial x_2 \partial x_n}(a) \\[2mm] \cdots & \cdots & \cdots & \cdots \\[2mm] \frac{\partial^2 f}{\partial x_n \partial x_1}(a) & \frac{\partial^2 f}{\partial x_n \partial x_2}(a) & \cdots & \frac{\partial^2 f}{\partial x_n^2}(a) \end{pmatrix} = \begin{pmatrix} D_{11} & D_{12} & \cdots & D_{1n} \\ D_{21} & D_{22} & \cdots & D_{2n} \\ \cdots & \cdots & \cdots & \cdots \\ D_{n1} & D_{n2} & \cdots & D_{nn} \end{pmatrix}$$

Definim els determinants

$$A_1 = D_{11}, \ A_2 = \begin{vmatrix} D_{11} & D_{12} \\ D_{21} & D_{22} \end{vmatrix}, \ \cdots, A_n = \det H(a).$$

Aleshores,

- $A_1 > 0$, $A_2 > 0$, $A_3 > 0$, ..., $A_n > 0$ $\implies$ f té un mínim relatiu en el punt a.

- $A_1 < 0$, $A_2 > 0$, $A_3 < 0$, ..., etc. $\implies$ f té un màxim relatiu en el punt a.

- $A_1 \geq 0$, $A_2 \geq 0$, $A_3 \geq 0$, ..., $A_n \geq 0$ i algun d'ells és zero, el criteri no decideix.

- $A_1 \leq 0$, $A_2 \geq 0$, $A_3 \leq 0$, ..., etc. i algun d'ells és zero, el criteri no decideix.

- En altre cas no hi ha extrem en el punt a, és un punt de sella.

Cas particular: funcions de dues variables

$$H(a) = \begin{pmatrix} A & B \\ B & C \end{pmatrix}$$

- $A > 0$ i $AC - B^2 > 0$ $\implies$ f té un mínim relatiu en el punt a.

- $A < 0$ i $AC - B^2 > 0$ $\implies$ f té un màxim relatiu en el punt a.

- $A = 0$ o bé $AC - B^2 = 0$, el criteri no decideix.

- $AC - B^2 < 0$ $\implies$ f no té extrem en el punt a, és un punt de sella.

4

Integració de funcions de diverses variables

4.1 Integrals dobles

1. Poseu els límits d'integració a la integral

$$\iint_S f(x,y)\, dxdy$$

en els casos següents:

(a) $S = \{(x,y) \in \mathbb{R}^2 : x \geq 0,\ y \geq 0,\ x+y \leq 1\}$.

(b) $S = \{(x,y) \in \mathbb{R}^2 : y \leq x \leq y+2\}$.

2. Poseu els límits d'integració a la integral

$$\iint_S f(x,y)\, dxdy$$

en els casos següents:

(a) S és el triangle de vèrtexs $(0,0)$, $(1,2)$ i $(2,2)$.

(b) $S = \{(x,y) \in \mathbb{R}^2 : x-1 \leq y \leq x+3\}$

3. Invertiu l'ordre d'integració a les integrals següents:

(a) $\displaystyle\int_1^3 dx \int_{-x}^{x^2} f(x,y)\,dy.$

(b) $\displaystyle\int_0^{2a} \left(\int_{\sqrt{2ax-x^2}}^{\sqrt{4ax}} f(x,y)\,dy \right) dx.$

(c) $\displaystyle\int_0^1 \left(\int_{y^2/2}^{\sqrt{3-y^2}} f(x,y)\,dx \right) dy.$

4. Integreu la funció $f(x,y) = \cos(x^2)$ en el triangle de vèrtexs $(0,0)$, $\left(\sqrt{\frac{\pi}{2}}, \frac{1}{2}\sqrt{\frac{\pi}{2}}\right)$ i $\left(\sqrt{\frac{\pi}{2}}, 2\sqrt{\frac{\pi}{2}}\right)$.

5. Calculeu
$$\iint_D \cos\left(\frac{\pi x^2}{2}\right) dx\,dy,$$
on D és el recinte pla limitat per les rectes $y = 0$, $x = 1$ i $y = x$.

6. Trobeu l'àrea de la regió situada sota la paràbola $y = 4x - x^2$, sobre l'eix OX i damunt la recta $y = -3x + 6$.

7. Trobeu l'àrea de la regió fitada compresa entre la recta $y = 2x$ i la paràbola $y = x^2 - 5x + 6$.

8. Sigui D la regió limitada per l'eix OX i l'arc de cicloide $x = t - \sin t$, $y = 1 - \cos t$, $0 \le t \le 2\pi$. Quin és el valor de
$$\iint_D y^2 \, dx\,dy\,?$$

9. Calculeu
$$\iint_D \sqrt[3]{x}\, dx\,dy,$$
on D és el recinte limitat per l'astroide $x^{2/3} + y^{2/3} = 1$ i els eixos de coordenades al primer quadrant. (Una parametrització de l'astroide és $x = \cos^3 t$, $y = \sin^3 t$.)

10. Determineu el volum de la regió limitada per les superfícies
$$z = x^2 + y^2, \ y = x^2, \ y = 1 \ \text{i} \ z = 0.$$

11. Trobeu el volum de la regió sòlida limitada pel paraboloide $z = 4 - x^2 - 2y^2$ i el pla $z = 0$.

12. Esbrineu el volum de la regió sòlida limitada per la superfície $f(x,y) = e^{-x^2}$ i els plans $y = 0$, $y = x$ i $x = 1$.

13. Calculeu el volum del cos limitat per la superfície $z = xy$ i els cilindres d'equacions $x^2 + y^2 = 1$ i $x^2 + y^2 = 4$ al primer octant.

14. Sigui Ω la regió del pla situada entre les circumferències $x^2 + y^2 = 1$ i $x^2 + y^2 = 5$. Obteniu el valor de
$$\iint_\Omega (x^2 + y)\, dx\, dy$$

15. Donada la regió plana Ω limitada per les rectes $x - 2y = 0$, $x - 2y = -4$, $x + y = 4$ i $x + y = 1$, determineu el valor de la integral
$$\iint_\Omega 3xy\, dx\, dy.$$

16. Sigui D el quadrat de vèrtexs $(0,1)$, $(1,2)$, $(2,1)$ i $(1,0)$. Doneu el valor de
$$\iint_D (x+y)^2 \sin^2(x-y)\, dx\, dy.$$

17. Calculeu el volum del sòlid limitat per les superfícies $z = 0$, $z = x + y$, $xy = 1$, $xy = 2$, $y = x$, i $y = 2x$ mitjançant una integral doble.

18. Considereu la regió Ω del pla limitada per les paràboles $y^2 = x$, $y^2 = 2x$, $x^2 = 3y$ i $x^2 = 4y$. Calculeu
$$\iint_\Omega x^2\, dx\, dy.$$

19. Sigui $S = \{(x,y) \in \mathbb{R}^2 : x^2 + y^2 \leq a^2,\ x \geq 0\}$. Calculeu
$$\iint_S xy^2\, dx\, dy.$$

20. Trobeu el volum de la regió sòlida limitada superiorment pel paraboloide $z = 1 - x^2 - y^2$ i inferiorment pel pla $z = 1 - y$.

21. Quin és el volum de la part del cilindre $x^2 + y^2 = b^2$ compresa entre els plans $y + z = a^2$ i $z = 0$, suposant $b < a^2$?

22. Calculeu el volum del recinte exterior al cilindre $b^2 x^2 + a^2 y^2 = \dfrac{a^2 b^2}{4}$, interior al paraboloide $a^2 b^2 z = a^2 b^2 - b^2 x^2 - a^2 y^2$ i limitat inferiorment pel pla $z = 0$.

23. Trobeu el volum del sòlid de $\mathbb{R}^3$ limitat superiorment per l'esfera $x^2 + y^2 + z^2 = 1$, inferiorment pel pla $z = 0$ i lateralment pel cilindre $x^2 + y^2 - y = 0$, al primer octant.

24. Obteniu el volum del sòlid limitat inferiorment pel pla $z = 0$, superiorment per l'el·lipsoide de revolució $b^2x^2 + b^2y^2 + a^2z^2 = a^2b^2$ i lateralment pel cilindre $x^2 + y^2 - ay = 0$.

25. Quin és el volum del cos limitat inferiorment per $z = 0$, superiorment per $z = xy$ i lateralment pels cilindres $x^2 + y^2 = a^2$ i $x^2 + y^2 - 2ax = 0$, al primer octant?

26. Esbrineu el volum del cos limitat per la superfície $z = xy$, el pla $z = 0$ i els cilindres $x^2 + y^2 = 1$ i $x^2 + y^2 - 2x - 2y + 1 = 0$.

27. Considerem Ω el disc tancat unitat, és a dir, $\Omega = \{(x,y) \in \mathbb{R}^2 : x^2 + y^2 \le 1\}$. Calculeu

$$\iint_{\Omega} e^{-(x^2+y^2)} dx\, dy.$$

28. Calculeu el valor de la integral

$$\int_0^{\infty} e^{-x^2} dx.$$

4.2 Integrals triples

29. Calculeu

$$\int_0^{\sqrt{\pi/2}} dx \int_x^{\sqrt{\pi/2}} dy \int_1^3 \sin y^2\, dz.$$

30. Canvieu l'ordre d'integració $dz\,dy\,dx$ per $dy\,dx\,dz$ en

$$\int_0^4 \left(\int_0^{\frac{1}{2}(4-x)} \left(\int_0^{\frac{1}{4}(12-3x-6y)} dz \right) dy \right) dx.$$

31. Obteniu, mitjançant integració triple, el volum d'un con d'altura h i radi de la base R.

32. Fent servir una integral triple deduïu la fórmula del volum de l'el·lipsoide l'equació

$$\frac{x^2}{a^2} + \frac{y^2}{b^2} + \frac{z^2}{c^2} = 1 \qquad (a, b, c > 0).$$

33. Sigui V el recinte limitat superiorment per l'esfera $x^2 + y^2 + z^2 = 1$ i inferiorment pel con $x^2 + y^2 = z^2$ amb $z \geq 0$. Determineu

$$\iiint_V z \, dx \, dy \, dz.$$

34. Calculeu la integral de la funció $f(x,y,z) = \sqrt{x^2 + y^2 + z^2}$ al recinte definit per la inequació $x^2 + y^2 + z^2 \leq z$.

35. Integreu la funció $f(x,y,z) = z^2$ al recinte limitat entre les dues esferes centrades a l'origen de radis R i $2R$.

36. Amb integració triple, calculeu el volum del sòlid limitat superiorment pel cilindre parabòlic $z = 4 - y^2$ i inferiorment pel paraboloide el·líptic $z = x^2 + 3y^2$.

37. Determineu el valor de la integral

$$\iiint_V z\sqrt{x^2 + y^2} \, dx \, dy \, dz,$$

on V és la regió del primer octant limitada pel cilindre $x^2 + y^2 = 2x$ i els plans $y = 0$, $z = 0$ i $z = a$, amb $a > 0$.

38. Calculeu, mitjançant la integració triple, el volum del tronc de piràmide comprès entre els plans $x = 1$, $y = 1$, $z = 1$, $z = 0$ i $2x + 2y - z = 2$.

39. Obteniu per mitjà d'un canvi de variable a coordenades esfèriques, el volum del cos sòlid comú a les dues esferes d'equacions $x^2 + y^2 + z^2 = 4$ i $x^2 + y^2 + z^2 = 2\sqrt{2}z$.

40. Calculeu el volum del recinte limitat lateralment pel cilindre $x^2 + y^2 = 4x$, superiorment pel paraboloide $x^2 + y^2 = 4z$ i inferiorment pel pla $z = 0$.

41. Integreu

$$\iiint_V z \, dx \, dy \, dz,$$

essent V la regió de l'espai limitada pel con $z = \sqrt{x^2 + y^2}$, i els plans $y = 0$ i $z = 1 - y$.

42. Escriviu una integral doble en coordenades polars per tal d'obtenir el volum del sòlid limitat superiorment pel con $z = a - \sqrt{x^2 + y^2}$, inferiorment pel pla $z = 0$ i lateralment pel cilindre $x^2 + y^2 - ax = 0$, $(a > 0)$.

43. Se sap que l'ou d'un cert ocell tropical (referit a un sistema cartesià), està limitat inferiorment per l'esfera $x^2 + y^2 + z^2 = 1$ i superiorment per l'el·lipsoide $x^2 + y^2 + \frac{1}{4}z^2 = 1$. Trobeu–ne el volum.

44. Quin és el volum del cos limitat per les superfícies $y = x^2$, $x = 1$, $z = 0$ i $z = \sqrt{y + x - x^2}$?

45. Calculeu el volum que retalla l'esfera $r = 2a\cos\theta$, $a > 0$, dins el con $\theta = \dfrac{\pi}{4}$, on θ és la colatitud.

4.3 *Aplicacions*

46. Determineu la massa del sòlid limitat superiorment pel pla $z = 2y + 3$ i inferiorment pel paraboloide $z = 3 + x^2 + y^2$, si la densitat en cada punt és proporcional al quadrat de la distància a l'eix OZ.

47. Trobeu el centre geomètric de l'àrea plana interior a la cardioide $r = a(1 + \cos\alpha)$ però exterior al cercle $r = a$.

48. Calculeu el volum, la massa i el centre de massa del sòlid homogeni tancat superiorment per l'esfera de centre l'origen i radi a i inferiorment pel con centrat a l'origen de colatitud $\theta = \pi/4$.

49. Considereu la regió sòlida delimitada pel cilindre parabòlic $z = 9 - x^2$ i els plans $z = 0$, $y = 0$ i $y = 2x$ al primer octant. Determineu–ne la massa i el centre de massa, suposant que la densitat és proporcional a la distància al pla $z = 0$.

50. Localitzeu el centre geomètric del sòlid embolicat lateralment pel cilindre $r = 2a\sin\alpha$, $a > 0$, inferiorment pel pla XY i superiorment pel paraboloide $z = 2r^2$.

51. Expresseu les magnituds següents mitjançant integrals iterades, sense fer els càlculs:

    (a) El volum del sòlid delimitat superiorment pel paraboloide $z = 4 - (x^2 + y^2)$ i inferiorment pel cilindre parabòlic $z = y^2 + 2$.

    (b) La massa del sòlid limitat pels paraboloides el·líptics $z = 4 - x^2 - \frac{1}{4}y^2$ i $z = 3x^2 + \frac{1}{4}y^2$, si la densitat en cada punt és proporcional a la distància a la superfície inferior seguint la vertical.

    (c) La massa del sòlid fitat pel paraboloide $z = x^2 + 2y^2$ i el cilindre parabòlic $z = 4 - x^2$, si la densitat en cada punt és proporcional a la distància a l'eix OX.

52. Calculeu la massa d'un sòlid cilíndric d'altura h i radi de la base R, sabent que la densitat en cada punt és proporcional a la seva distància al pla de la base.

53. Obteniu la massa d'una bola sòlida unitat sabent que la densitat en cada punt ve donada per

$$\rho(x,y,z) = \frac{1}{1+x^2+y^2+z^2}.$$

54. Trobeu el valor mitjà de la funció $f(x,y,z) = x^2+y^2+z^2$ al recinte $x^2+y^2+z^2 \leq 1$.

55. Considereu el sòlid interior a $x^2+y^2+z^2 = 16$ i exterior a $z = \sqrt{x^2+y^2}$ per a $z \geq 0$.

    (a) Calculeu-ne el volum.

    (b) Determineu-ne la massa sabent que la densitat a cada punt és proporcional a la distància a la base del sòlid.

56. Deduïu la massa del sòlid limitat superiorment per $z = y$, inferiorment per $z = 0$ i lateralment pels plans $x = 0$, $x = 1$ $y = 0$ i $y = 1$, si la densitat en cada punt és proporcional al quadrat de la seva distància a l'origen.

57. Quina és la massa d'una bola de radi R si la densitat a cada punt és proporcional a la seva distància a la superfície de la bola?

58. Doneu la massa del cos limitat pel pla $x+y+z = 1$ i els plans coordenats, sabent que la densitat en cada punt ve donada per la funció

$$\rho(x,y,z) = \frac{1}{(x+y+z+1)^3}.$$

59. Una làmina circular homogènia de massa M i radi R gira al voltant d'un eix perpendicular a la làmina que passa pel seu centre. Calculeu el moment d'inèrcia.

60. Calculeu els moments d'inèrcia respecte dels eixos OX i OY de la regió sòlida encabida entre l'hemisferi nord de l'esfera centrada a l'origen de radi 2 i el pla $z = 0$, si la densitat en cada punt és proporcional a la seva distància al pla $z = 0$.

61. Sigui el sòlid homogeni interior al con $\theta = \pi/6$ tallat per l'esfera $r = 4\cos\theta$. Determineu el centre de massa i el moment d'inèrcia respecte de l'eix OZ.

62. La temperatura en graus *Celsius* dins el cilindre definit per les desigualtats

$$x \geq 0, \, y \geq 0, \, \frac{x^2}{20} + \frac{y^2}{5} \leq 1 \text{ i } 0 \leq z \leq 4$$

ve donada en cada punt per la funció $T(x,y,z) = z(1+x^2+y^2)$.

    (a) Si un mosquit està situat al punt $(4,1,2)$, cap a quina direcció ha de volar per refrescar–se el més aviat possible?

    (b) Quina és la temperatura mitjana del cilindre?

63. Una bola de radi 1 i densitat uniforme $\rho = 27/32$ sura en aigua (densitat 1). Determineu el tros del diàmetre submergit.

64. La densitat en cada punt d'un cilindre ple de radi més petit o igual que 1 ve donada per $\rho(x,y,z) = 2 - x^2 - y^2$ (suposarem que l'eix del cilindre coincideix amb l'eix de les z). Calculeu les dimensions del cilindre que fan màxima la massa suposant que la seva àrea és 2π.

4.4 Breu resum teòric i fórmules d'ús freqüent

Siguin Ω una *regió plana* i $\rho(x,y)$ la seva densitat en cada punt.

- Àrea de Ω:
$$A(\Omega) = \iint_\Omega dx\,dy.$$

- Massa de Ω:
$$m(\Omega) = \iint_\Omega \rho(x,y)\,dx\,dy.$$

- Valor mitjà de ρ en Ω:
$$\frac{\iint_\Omega \rho(x,y)\,dx\,dy}{\iint_\Omega dx\,dy}.$$

- Centre de massa de Ω:
$$\left(\frac{\iint_\Omega x\,\rho(x,y)\,dx\,dy}{m(\Omega)}, \frac{\iint_\Omega y\,\rho(x,y)\,dx\,dy}{m(\Omega)} \right).$$

Si $\rho(x,y)$ és constant, el centre de massa s'anomena *centre geomètric o centroide*.

- Moment d'inèrcia respecte d'un eix L:

$$I_L = \iint_\Omega d^2(x,y)\rho(x,y)\,dx\,dy,$$

on $d(x,y)$ és la distància del punt (x,y) a l'eix L.

Sigui D una *regió de l'espai*.

- Volum del sòlid D:

$$V(D) = \iiint_D dx\,dy\,dz.$$

- La massa, el valor mitjà, el centre de massa i el moment d'inèrcia es defineixen com a les regions planes, però amb integrals triples sobre D.

Coordenades polars

$$x = r\cos\alpha$$
$$y = r\sin\alpha \qquad |\text{jacobià}| = r.$$

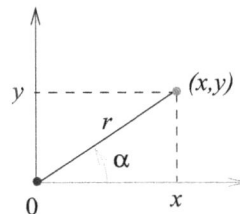

Coordenades cilíndriques

$$x = r\cos\alpha$$
$$y = r\sin\alpha \qquad |\text{jacobià}| = r.$$
$$z = z$$

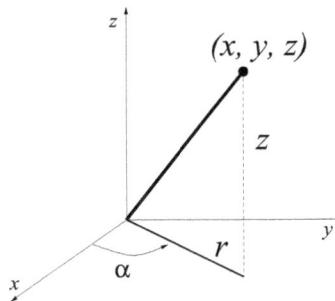

Coordenades esfèriques

$$x = r\sin\varphi\cos\theta$$
$$y = r\sin\varphi\sin\theta \qquad |\text{jacobià}| = r^2\sin\varphi,$$
$$z = r\cos\varphi$$

on φ és la colatitud i θ és la longitud.

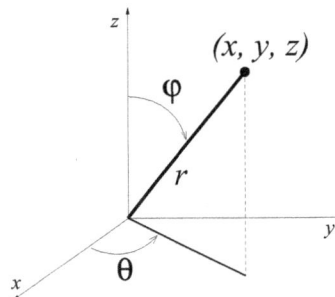

5

Integrals de línia

5.1 Integral d'un camp escalar sobre una corba

1. Integreu el camp escalar $f(x,y) = 2x + y$ sobre el segment que comença en el punt $(0,0)$ i acaba en $(2,6)$.

2. Un filferro té la forma de la corba donada per $\mathbf{r}(t) = (\cos t, \sin t, t)$ quan $t \in [0, 2\pi]$. Trobeu–ne la massa, sabent que la densitat lineal a cada punt és

$$\lambda(x,y,z) = x^2 + y^2 + 3z^2.$$

Calculeu també el centre de massa.

3. Determineu el valor mitjà de la funció $f(x,y) = \sqrt{y}$ sobre el primer arc de la cicloide

$$x = a(t - \sin t), \; y = a(1 - \cos t) \quad \text{quan} \;\; t \geq 0.$$

4. Doneu les coordenades del centre de massa d'un filferro, de densitat constant, que té la forma $\mathbf{r}(t) = (e^t \cos t, e^t \sin t, e^t)$, amb $t \leq 0$.

5. Calculeu la massa d'un filferro que segueix la intersecció de l'esfera $x^2 + y^2 + z^2 = 1$ i el pla $x + y + z = 0$, si la densitat lineal ve donada en cada punt pel quadrat de la distància al pla XZ.

5.2 Integral d'un camp vectorial sobre una corba

6. Tenim un filferro amb forma de la corba $\mathbf{r}(t) = (t, \cos t, \sin t)$, per a $t \in [0, 2\pi]$.

    (a) Sabent que la densitat a cada punt del filferro és el quadrat de la distància del punt a l'origen de coordenades, calculeu el centre de massa del filferro.

    (b) Determineu el treball realitzat per la força $\mathbf{F}(x, y, z) = \dfrac{2}{(x^2 + y^2 + z^2)^2}(x, y, z)$ en moure una partícula al llarg de la corba que descriu el filferro de l'apartat anterior.

7. Integreu $\displaystyle\int_C \mathbf{F}\,d\mathbf{r}$, on $\mathbf{F}(x, y, z) = (y - 2z, xy, 2xz + y)$ i C és la corba $(x, y, z) = (2t, t^2, t^2 - 1)$ amb $0 \leq t \leq 1$.

8. Trobeu el treball realitzat per la força $\mathbf{F}(x, y, z) = (x + yz, y + xz, z + xy)$ per tal de moure una partícula des de l'origen O fins al punt $C = (1, 1, 1)$ seguint els camins següents:

    (a) El segment OC.

    (b) La corba $(x, y, z) = (t, t^2, t^3)$.

    (c) Els segments OA, AB i BC, on $A = (1, 0, 0)$ i $B = (1, 1, 0)$.

9. Deduïu el treball efectuat per un objecte que recorre l'hèlix $(x, y, z) = (\cos t, \sin t, t)$, on $t \in [0, 2\pi]$, sotmès a la força

$$\mathbf{F}(\mathbf{r}) = \frac{K}{|\mathbf{r}|^2}\,\mathbf{r},$$

on $\mathbf{r} = (x, y, z)$ i K és una constant.

10. Calculeu

$$\int_C (x^2 y^2 + xy - yz)\,dx,$$

on C és l'arc semicircular $x^2 + y^2 = 1$, $z = 0$, $y \geq 0$, $-1 \leq x \leq 1$.

11. Esbrineu el valor de

$$\int_C (x^2 - 2xy)\,dx + (y^2 - 2xy)\,dy,$$

essent C la corba $y = x^2$ des de $(1, 1)$ fins a $(2, 4)$.

12. Integreu

$$\int_C (x^2 - y)\,dx + (y^2 - 2xy)\,dy,$$

on C és la corba $y = x^4 + 3$, per a $0 \leq x \leq 1$.

13. Resoleu

$$\int_C y^2\, dx + x^2\, dy,$$

essent C la meitat superior de l'el·lipse $(x,y) = (a\cos t, b\sin t)$.

14. Quin és el treball realitzat per la força $\mathbf{F}(x,y,z) = (y,z,yz)$, en moure una partícula al llarg de la corba d'equacions $(x,y,z) = (\sin t, -\cos t, e^t)$ per a $0 \leq t \leq \pi$?

15. Calculeu la circulació del camp vectorial $\mathbf{F}(x,y,z) = (-y,x,1)$ al llarg de les circumferències següents:

    (a) $x^2 + z^2 = 1$, $y = 2$.
    (b) $(x-2)^2 + y^2 = 1$, $z = 3$.

16. Calculeu el treball efectuat pels camps següents en moure una partícula de massa unitat al voltant del quadrat $[0,1] \times [0,1]$.

    (a) $\mathbf{F}(x,y) = (y^2 + x^3, y^4)$
    (b) $\mathbf{F}(x,y) = \left(\dfrac{2x}{x^2 + y^2 + 1}, \dfrac{2y}{x^2 + y^2 + 1} \right)$.

17. Determineu el treball efectuat pel camp de forces $\mathbf{F}(x,y,z) = (3x - 2y, y + 2z, -x^2)$ des de $(0,0,0)$ a $(1,1,1)$, seguint la corba d'equacions $x = z^2$, $z = y^2$.

18. Estudieu el treball que fa la força $\mathbf{F}(x,y) = (3y^2 + 2, 16x)$ en moure una partícula des de $(-1,0)$ fins a $(1,0)$ seguint la meitat superior de l'el·lipse $b^2 x^2 + y^2 = b^2$. Quina el·lipse (és a dir, quin valor de b) fa mínim el treball?

19. Deduïu el treball realitzat pel camp de forces $\mathbf{F}(x,y,z) = (y^2, z^2, x^2)$ al llarg de la corba intersecció de l'esfera $x^2 + y^2 + z^2 = a^2$ i el cilindre $x^2 + y^2 = ax$, essent $z \geq 0$ i $a > 0$. El camí és recorregut de manera que, observant el pla XY des de l'eix OZ positiu, el sentit sigui el de les agulles del rellotge.

20. Proveu que, per a una massa constant, el treball desenvolupat per una força $\mathbf{F}$ en moure una partícula al llarg d'una corba C des del punt A al punt B, és igual a l'increment de l'energia cinètica de la partícula.

5.3 Funció potencial. Teorema de Green

21. Obteniu, si és possible, una funció potencial per a cadascun dels camps següents:

(a) $\mathbf{F}(x,y) = \left(\dfrac{1}{x+y}, \dfrac{1}{x+y} \right)$.

(b) $\mathbf{F}(x,y) = (e^x \cos y + 2xy, x^2 - e^x \sin y)$.

(c) $\mathbf{F}(x,y,z) = (6xy\cos z, 3x^2 \cos z, -3x^2 y \sin z)$.

(d) $\mathbf{F}(x,y,z) = (2x, 2y, y^2 z)$.

(e) $\mathbf{F}(x,y) = (3e^{3x}y - 2x, e^{3x})$.

22. Donat el camp $\mathbf{F}(x,y,z) = (6x\cos z, 3, -3x^2 \sin z)$:

(a) Proveu que és conservatiu.

(b) Trobeu φ tal que $\mathbf{F} = \nabla\varphi$, és a dir, trobeu una funció potencial per a $\mathbf{F}$.

(c) Calculeu el treball de $\mathbf{F}$ en traslladar una partícula des de $(0,0,0)$ fins a $(2,-1,\pi)$.

23. Sigui el camp vectorial $\mathbf{F}(x,y,z) = (\cos y, -x\sin y + \sin z, y\cos z)$.

(a) Comproveu que $\mathbf{F}$ és un camp conservatiu.

(b) Trobeu la funció potencial $V(x,y,z)$ de $\mathbf{F}$ tal que $V(0,1,\pi/2) = 0$.

(c) Sigui C_1 la corba parametritzada $\mathbf{r}(t) = (\sin t, \cos t, t + \pi/2)$ amb $t \in [0, 2\pi]$. Calculeu

$$\int_{C_1} \mathbf{F} \cdot d\mathbf{r}.$$

(d) Sigui C_2 la corba intersecció del con $z^2 = x^2 + y^2$ $(z \geq 0)$ i el paraboloide $z = 4 - x^2 - y^2$, calculeu

$$\int_{C_2} \mathbf{F} \cdot d\mathbf{r}.$$

24. Escriviu una condició necessària per tal que un camp $\mathbf{F}$ de classe $\mathcal{C}^\infty$ en un obert de $\mathbb{R}^2$ sigui conservatiu. Verifiqueu que el camp

$$\mathbf{F}(x,y) = \left(\dfrac{-y}{x^2 + y^2}, \dfrac{x}{x^2 + y^2} \right)$$

satisfà la condició anterior, però no és conservatiu.

25. Proveu que les integrals següents són independents del camí:

    (a) $\displaystyle\int_C (2xy - y^4 + 3)\,dx + (x^2 - 4xy^3)\,dy.$

    (b) $\displaystyle\int_C (\cos^2 x + y)\,dx + (x + y^4)\,dy + e^z\,dz.$

26. Donada la corba C que té equacions $(x,y) = (r\cos t, r\sin t)$, per a $0 \leq t \leq 2\pi$, calculeu

$$\int_C \frac{x+y}{x^2+y^2}\,dx + \frac{-x+y}{x^2+y^2}\,dy.$$

27. Avalueu la integral

$$\int_C x\,dx + y\,dy$$

sobre la corba $(x,y) = (\cos^3 t, \sin^3 t)$, per a $0 \leq t \leq 2\pi$.

28. Trobeu el treball realitzat per un cos que es mou sobre l'arc circular $x^2 + y^2 = 1$ quan $0 \leq x \leq 1$, si està sotmès a la força $\mathbf{F}(x,y) = y^2\,\mathbf{i} + (2xy - e^y)\,\mathbf{j}$.

29. Aplicant el teorema de *Green* calculeu:

    (a) L'àrea de l'el·lipse $\dfrac{x^2}{a^2} + \dfrac{y^2}{b^2} = 1$.

    (b) L'àrea sota un arc de la cicloide $x = a(t - \sin t)$, $y = a(1 - \cos t)$.

    (c) L'àrea tancada pel llaç del *folium de Descartes* $x = \dfrac{3at}{1+t^3}$, $y = \dfrac{3at^2}{1+t^3}$.

30. Sigui C l'arc de cicloide parametritzat per $r(t) = (t - \sin t, 1 - \cos t)$ quan $t \in [0, 2\pi]$.

    (a) Determineu la massa de C sabent que la densitat lineal en cada punt ve donada per la funció $f(x,y) = \sqrt{2y}$.

    (b) Calculeu l'àrea compresa entre C i l'eix d'abscisses.

31. Comproveu el teorema de Green amb el camp vectorial $\mathbf{F}(x,y) = (3x^2 + y,\ 2x + y^3)$ i la corba $9x^2 + 4y^2 = 36$.

32. Quin és el treball que realitza la força $\mathbf{F}(x,y) = (2y, 3x)$ sobre un mòbil que va del punt $(0,0)$ al punt $(2a, 0)$ en línia recta i torna després per un dels semicercles de radi a centrat en $(a, 0)$?

33. Avalueu la integral del camp $\mathbf{F}(x,y) = (-y,x)$ al voltant de la cardioide $r = a(1+\cos\alpha)$ recorreguda en sentit antihorari.

34. Integreu

$$\int_C -xy\,dx + e^{y^2}\,dy$$

essent C la corba que delimita un quart del disc $x^2+y^2 \le R^2$ al primer quadrant.

35. Aplicant el teorema de *Green* calculeu

$$\int_C (e^x\sin y - y)\,dx + (e^x\cos y - 1)\,dy$$

on C és la semicircumferència superior $x^2+y^2 = x$, recorreguda des del punt $(1,0)$ fins el punt $(0,0)$.

36. Obteniu el valor de la integral del camp $\mathbf{F}(x,y) = (2x^3 - y^3, x^3 - y^3)$ al llarg de la circumferència unitat recorreguda en sentit antihorari.

37. Sigui C la corba parametritzada per $\mathbf{r}(t) = (e^{-t}\cos t, e^{-t}\sin t)$, $0 \le t \le 2\pi$. Dibuixeu la gràfica de $\mathbf{r}$. La corba C, juntament amb un segment de l'eix OX, forma una corba C_1 que tanca una regió del pla. Determineu–ne l'àrea.

38. El treball realitzat quan una partícula es mou a través del camp de forces $\mathbf{F}(x,y) = (y,-x)$ al llarg de la corba $\gamma : x^2+4y^2 = 1$ és

   ○ 0.

   ○ -2π.

   ○ $-2A(\gamma)$, on $A(\gamma)$ és l'àrea tancada per la corba recorreguda en sentit antihorari.

   ○ $2A(\gamma)$, on $A(\gamma)$ és l'àrea tancada per la corba recorreguda en sentit antihorari.

Digueu quina de les respostes anteriors és la correcta.

39. Sigui Ω la regió interior a l'el·lipse $\dfrac{x^2}{9} + \dfrac{y^2}{16} = 1$ i exterior a la circumferència $x^2+y^2 = 4$. Denotem per C la frontera de Ω. Calculeu

$$\int_C (y^2 - 3y)\,dx + 2xy\,dy.$$

5.4 *Breu resum teòric i fórmules d'ús freqüent*

- La integral d'un camp escalar f sobre una corba C es defineix com

$$\int_C f \, dl = \int_a^b f(r(t)) \|r'(t)\| \, dt.$$

- La integral d'un camp vectorial F sobre una corba C es defineix com

$$\int_C F \, dr = \int_a^b F(r(t)) \cdot r'(t) \, dt.$$

- Teorema de Green. Sigui S una regió tancada simplement connexa limitada per una corba regular a trossos, tancada i simple C. Si $F(x,y) = (P(x,y), Q(x,y))$ és un camp vectorial de classe C^1 en un conjunt obert que conté a C, aleshores

$$\oint_C F \, dr = \iint_S \left(\frac{\partial Q}{\partial x} - \frac{\partial P}{\partial y} \right) dx dy$$

on la integral de línia es fa al llarg de C en sentit antihorari.

6

Integrals de superfície

6.1 Operadors diferencials

1. Calculeu el gradient dels camps escalars següents:

    (a) $f(x,y,z) = \ln(x^2 + y^2 + z^2)$.

    (b) $f(x,y,z) = (x^2 + y^2 + z^2)^{1/2}$.

    (c) $f(x,y,z) = (x^2 + y^2 + z^2)^{n/2}$, $n \in \mathbb{Z}$.

2. Trobeu la divergència i el rotacional dels camps vectorials següents:

    (a) $\mathbf{F}(x,y,z) = (x^2, y^2, z^2)$.

    (b) $\mathbf{F}(x,y,z) = (e^{yz}, e^{xz}, e^{xy})$.

    (c) $\mathbf{F}(x,y,z) = (y^2, x^2, z^2)$.

    (d) $\mathbf{F}(x,y,z) = (y\sin z, z\sin x, x\sin y)$.

3. Determineu el rotacional i la divergència d'un camp elèctric creat per una càrrega puntual q, situada a l'origen

$$\mathbf{F}(x,y,z) = q\,\frac{\mathbf{r}}{||\mathbf{r}||^3}, \quad \text{on} \quad \mathbf{r} = (x,y,z).$$

Feu el mateix per un camp gravitatori.

4. Siguin f i $\mathbf{F}$ un camp escalar i un camp vectorial, respectivament, de $\mathbb{R}^3$ de classe C^2. Proveu les propietats següents:

   (a) $\text{rot}(\nabla f) = 0$.

   (b) $\text{div}(\text{rot}\,\mathbf{F}) = 0$.

   (c) $\text{rot}(\text{rot}\,\mathbf{F}) = \nabla(\text{div}\,\mathbf{F}) - \nabla^2\mathbf{F}$.

5. Sigui $f(x,y,z)$ un camp escalar de classe C^∞. Raona cadascuna de les afirmacions següents:

   (a) El rotacional del gradient de f és zero.

   (b) El gradient del rotacional de f és zero.

   (c) La divergència del rotacional del gradient de f és zero.

   (d) El rotacional de la divergència del gradient de f és zero.

6.2 Parametrització de superfícies. Pla tangent

6. Doneu una parametrització per a cada una de les superfícies següents:

   (a) El pla $Ax + By + Cz = D$.

   (b) L'esfera centrada a l'origen de radi R.

   (c) Un cilindre circular vertical de radi R.

   (d) L'hiperboloide $x^2 - y^2 + z^2 = 16$.

   (e) Un el·lipsoide centrat a l'origen.

7. Considerem el tor com la figura que s'obté en fer girar una circumferència de radi b centrada al punt $(a,0)$, amb $a > b > 0$, al voltant de l'eix OY. Trobeu una representació paramètrica de la superfície d'aquest tor.

8. Aparelleu cada funció vectorial amb la seva gràfica:

   (a) $\mathbf{r}(u,v) = (2\cos u \sin v, 3\sin u \sin v, 5\cos v)$, on $0 \le v \le \pi$ i $0 \le u \le 2\pi$.

   (b) $\mathbf{r}(u,v) = (u\cos v, u, u\sin v)$, on $u \in \mathbb{R}$ i $0 \le v \le 2\pi$.

(c) $\mathbf{r}(u,v) = (u,v,uv)$, on $u,v \in \mathbb{R}$.

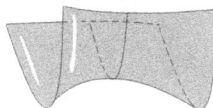

(1)

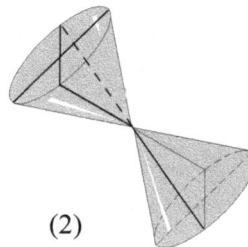

(2)

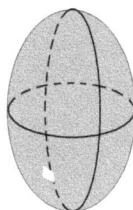

(3)

9. Doneu una parametrització per a cadascuna de les superfícies de revolució obtingudes en girar les corbes següents entorn de l'eix donat:

(a) $x = \sin z$, $z \in [0,\pi]$, eix OZ.

(b) $y = 2x^2$, $x \in [0,3]$, eix OX.

(c) $y = z$, $z \in [-3,3]$, eix OZ.

10. Obteniu una parametrització per a cadascuna de les superfícies donades:

(a) $x^2 + y^2 + z^2 - 4x - 6y = 12$.

(b) $8y^2 + 2z^2 - 2x^2 = 8$.

(c) $2x^2 + y^2 + z^2 - 8x = 1$.

11. Identifiqueu cada superfície amb la parametrització corresponent.

(a) $\mathbf{r}(\theta,\phi) = (\sin\theta\cos\phi, \sin\theta\sin\phi, \cos\theta)$, on $0 \leq \phi \leq 2\pi$ és la longitud (geogràfica) i $0 \leq \theta \leq \pi$ és la colatitud.

(b) $\mathbf{r}(u,v) = (2\cos v, 2 + 2\sin v, u)$, $v \in [0,2\pi]$, $u \in \mathbb{R}$.

(c) $\mathbf{r}(u,v) = (9 - 3u - v, u, v)$, $u \in [0,3]$, $v \in [0, 9 - 3u]$.

(d) $\mathbf{r}(u,v) = \left(\sqrt{u^2 + v^2}, u, v\right)$, $u,v \in \mathbb{R}$.

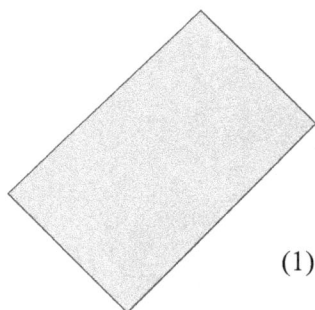

(1)

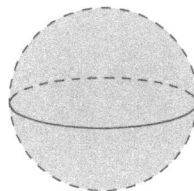

(2)

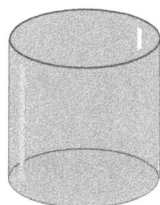

(3)

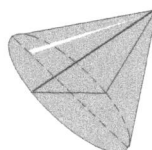

(4)

12. Doneu una equació del pla tangent de la superfície donada en el punt indicat:

   (a) $\mathbf{r}(u,v) = (u\cosh v, u^2, u\sinh v)$, $u,v \in \mathbb{R}$. Punt $(-2,4,0)$.

   (b) $\mathbf{r}(u,v) = (3\cos u \sin v, 3\sin u \sin v, 3\cos v)$, $u \in [0,2\pi]$, $v \in [0,\pi]$. Punt $(0,3,0)$.

13. Considereu la superfície d'equació cartesiana $x^2 + y^2 - z^2 = 36$.

   (a) Trobeu–ne una parametrització.

   (b) Determineu l'equació del pla tangent en el punt $(a,b,0)$.

   (c) Demostreu que les rectes $(a,b,0)+t(-b,a,6)$ i $(a,b,0)+t(b,-a,6)$ estan contingudes en la superfície i també al pla tangent.

   (d) Quin tipus de superfície és?

6.3 Àrea d'una superfície parametritzada

14. Calculeu l'àrea de les superfícies següents:

(a) El tor obtingut fent girar un cercle de radi b centrat al punt $(a,0)$, al voltant de l'eix OY, amb $a > b > 0$.

(b) Una esfera de radi R.

15. Cerqueu l'àrea de la part de superfície cònica $x^2 + y^2 = z^2$ situada per sobre del pla $z = 0$ i per sota de $x + 2z = 3$.

16. Obteniu l'àrea de la intersecció d'un cilindre circular ple de radi R i una esfera de radi el doble que el cilindre i que té el centre sobre la vora del cilindre.

17. Amb les mateixes dades del problema anterior, calculeu l'àrea del tros de cilindre delimitat per l'esfera.

18. Trobeu l'àrea de la part del con $z^2 = x^2 + y^2$ que es projecta en la corona

$$\Omega = \{(x,y) \in \mathbb{R}^2 : 9 \le x^2 + y^2 \le 25\}.$$

19. Determineu l'àrea de la superfície obtinguda en fer girar la corba $x = 4 + y^2$, $y \in [0,2]$, entorn de l'eix OX.

20. El pla $z = 1$ divideix l'esfera $x^2 + y^2 + z^2 = 4$ en dos trossos. Trobeu l'àrea de cadascun d'ells.

6.4 Integrals de superfície. Teoremes de la divergència i de Stokes

21. Quina és la massa de l'hemisferi nord d'una esfera de radi a si la densitat a cada punt és constant i val ρ?

22. El cilindre $x^2 + y^2 = 2x$ retalla una porció de superfície S en la fulla superior del con $x^2 + y^2 = z^2$. Calculeu la integral de superfície

$$\iint_S (x^4 - y^4 + y^2 z^2 - z^2 x^2 + 1) \, da.$$

23. Una làmina superficial S té la forma del con donat per $z = 4 - 2\sqrt{x^2 + y^2}$ entre els plans $z = 0$ i $z = 4$. A cada punt de S la densitat és proporcional a la distància a l'eix OZ. Determineu la massa de la làmina.

24. Calculeu la massa de la làmina superficial donada per

$$x^2 + y^2 = 9, \ 0 \le x \le 3, \ 0 \le y \le 3, \ 0 \le z \le 9,$$

sabent que la densitat a cada punt és proporcional al quadrat de la distància a l'origen.

25. Cerqueu el centre de massa de la porció de superfície esfèrica homogènia $x^2 + y^2 + z^2 = 4$ situada al primer octant.

26. Considereu una vareta de longitud L col·locada sobre l'eix OX amb un extrem a l'origen. Si l'esmentada vareta gira al voltant de l'eix OZ amb una velocitat angular ω i puja amb una velocitat b, s'obté una superfície anomenada *helicoide* o *rampa espiral*.

   (a) Doneu una parametrització de l'helicoide.
   (b) Considereu l'helicoide corresponent a $L = 1$, $\omega = 2$ i $b = 3$, i fins que la vareta es troba a una altura $h = 30$. Calculeu la massa d'aquesta superfície si la densitat en cada punt és proporcional a la distància a l'eix OZ.
   (c) Determineu la frontera de l'helicoide de l'apartat anterior.

27. Avalueu la taxa amb què surt el flux del cub unitari per als casos en què la velocitat del fluid ve donada pel camp:

   (a) $\mathbf{F}(x,y,z) = (xz, 4xyz^2, 2z)$.
   (b) $\mathbf{F}(x,y,z) = (6xz, x^2y, yz)$.

28. Quin és el flux del camp $\mathbf{F}(x,y,z) = (0, xz, -xy)$ a través de la superfície $z = xy$, $0 \le x \le 1$, $0 \le y \le 2$, parametritzant de manera que el vector normal estigui dirigit cap a dalt?

29. Trobeu el flux a través del tros de pla $x + 2y + z = 1$ que s'obté quan $0 \le x \le 2$ i $0 \le y \le 2$ per al camp vectorial $\mathbf{F}(x,y,z) = (2e^{xy}, -e^{xy}, 4xyz)$ orientat segons el vector normal ascendent.

30. Obteniu el flux total del camp vectorial $\mathbf{F}(x,y,z) = (x,y,z)$ que surt del sòlid limitat superiorment per $z = \sqrt{2 - (x^2 + y^2)}$ i inferiorment per $z = x^2 + y^2$.

31. Sigui S el tros de superfície cilíndrica $x = 1 - \dfrac{y^2}{2}$, limitada pels plans $z = 0$, $z = 1$ i $x = \dfrac{1}{2}$.

   (a) Determineu el flux del camp $\mathbf{F}(x,y,z) = (xz, \sqrt{1+y^2}, e^z)$ a través d'S orientada pel vector normal exterior.

(b) Esbrineu l'àrea d'S.

32. Considereu el camp $\mathbf{F}(x,y,z) = (x^3, y^3, z^3)$.

    (a) Deriva $\mathbf{F}$ d'un potencial escalar? Justifiqueu la resposta i, en cas que sigui afirmativa, trobeu un potencial.

    (b) Determineu el flux total del camp $\mathbf{F}$ que surt del cub unitari.

    (c) Calculeu la circulació de $\mathbf{F}$ al llarg de la corba C que s'obté en fer la intersecció de la superfície del cub unitari amb el pla $x + y + z = 1$.

33. Calculeu el flux de $\mathbf{F}(x,y,z) = (6x\cos z, 3, -3x^2\sin z)$ a través de la superfície limitada pel triangle de vèrtexs $(1,2,0)$, $(0,2,0)$ i $(0,2,2)$.

34. Sigui $\mathbf{E}$ el camp elèctric creat per una càrrega puntual q situada a l'origen:

$$\mathbf{E}(x,y,z) = q\,\frac{\mathbf{r}}{||\mathbf{r}||^3},$$

on $\mathbf{r}$ és el vector de posició. Demostreu que el flux d'aquest camp a través de l'esfera centrada a l'origen i de radi a és $4\pi q$ i, per tant, independent del radi de l'esfera.

35. La *llei de Gauss* de l'Electromagnetisme estableix que el flux sortint d'un camp elèctric $\mathbf{E}$ a través d'una superfície tancada qualsevol S és igual a 4π vegades la càrrega total q envoltada per la superfície, és a dir

$$\iint_S \mathbf{E} \cdot \mathbf{n}\, da = 4\pi q.$$

Sigui $\mathbf{E}(x,y,z) = (yz, xz, xy)$ un camp electrostàtic. Utilitzeu la *llei de Gauss* per calcular la càrrega total continguda a l'interior del cos limitat per l'hemisferi $z = \sqrt{4 - x^2 - y^2}$ i el pla $z = 0$.

36. Calculeu

$$\iint_S \mathbf{F} \cdot \mathbf{n}\, da,$$

essent $\mathbf{F}(x,y,z) = (z^2 - x, -xy, 3z)$, i S la superfície de la regió fitada per $z = 4 - y^2$, $x = 0$, $x = 3$ i el pla XY.

37. Considerem V el sòlid delimitat pel cilindre $x^2 + y^2 = 4$ i els plans $x + z = 6$ i $z = 0$. Denotem per S la vora d'aquest cos. Integreu

$$\iint_S \mathbf{F} \cdot \mathbf{n}\, da$$

on $\mathbf{F}(x,y,z) = (x^2 + \sin z, xy + \cos z, e^y)$ i $\mathbf{n}$ és el vector normal unitari sortint.

38. Sigui $\mathbf{F}(x,y,z) = (x,y,z)$ i S una superfície tancada. Analitzeu la relació que hi ha entre el flux sortint de $\mathbf{F}$ i el volum encabit per S.

39. Estudieu el flux sortint del camp $\mathbf{F}$ a través de la superfície de l'esfera unitat quan $\mathbf{F}$ és:

(a) $\mathbf{F}(x,y,z) = (x^2, y^2, z^2)$.

(b) $\mathbf{F}(x,y,z) = (xz^2, 0, z^3)$.

40. Donats el camp $\mathbf{F}(x,y,z) = (yz, xz, xy)$ i el cos D definit per $x^2 + y^2 \le a^2$, $0 \le z \le h$, trobeu:

(a) El flux que surt a través de la superfície lateral de D.

(b) El flux total que surt de D.

41. Sigui D el cos recobert inferiorment pel pla $z = 0$, lateralment pel cilindre $x^2 + y^2 = 4$ i superiorment pel paraboloide $z = 9 - x^2 - y^2$. Donat el camp vectorial $\mathbf{F}(x,y,z) = (x,y,z)$, determineu:

(a) El flux total que surt de D.

(b) El flux que surt a través de la superfície lateral de D.

42. Donats el camp $\mathbf{F}(x,y,z) = (x,y,z)$ i V el cos limitat pel con $z^2 = x^2 + y^2$ amb $z \ge 0$ i el pla $z = 1$, obteniu:

(a) La divergència de $\mathbf{F}$.

(b) El flux que surt de V.

(c) El flux que surt per la superfície lateral de V.

43. Considereu el mateix camp del problema anterior i el mateix tros de con, però amb el pla $y - 2z + 3 = 0$. Doneu:

(a) L'àrea de la tapa del con.

(b) El flux a través de la superfície lateral.

(c) El flux que surt del con.

44. Determineu el flux del camp $\mathbf{F}(x,y,z) = (1 - xz, y^2, z)$ a través del tros del pla $2x + 2y + z = 4$ que queda encabit al primer octant. Trobeu també el flux total que surt del tetràedre limitat pel pla anterior i els plans coordenats.

45. Siguin $\mathbf{F}(x,y,z) = \dfrac{1}{r^3}(x,y,z)$, on $r = \sqrt{x^2+y^2+z^2}$ i S_R la superfície de l'esfera de centre $(0,0,0)$ i radi R.

    (a) Enuncieu el teorema de la divergència.

    (b) Parametritzeu S_R i calculeu el vector normal exterior.

    (c) Obteniu el flux de $\mathbf{F}$ a través de S_R, segons l'orientació donada pel vector normal exterior.

    (d) Calculeu div $\mathbf{F}$. Té sentit

$$\iiint_B \operatorname{div} \mathbf{F}\, dV,$$

    on B és la bola de centre l'origen i radi R?

    (e) Es pot aplicar el teorema de la divergència? Raoneu la resposta.

    (f) Sigui V la regió de l'espai limitada entre les esferes S_{R_1} i S_{R_2} amb $0 < R_1 < R_2$. Calculeu

$$\iiint_V \operatorname{div} \mathbf{F}\, dV.$$

    (g) Determineu el flux de $\mathbf{F}$ a través de la vora de V, segons l'orientació donada pel vector normal exterior.

    (h) Raoneu si es pot aplicar o no el teorema de la divergència.

46. Sigui la meitat d'un cilindre sòlid donat per $0 \le z \le 1$, $y \ge 0$ i $x^2+y^2 \le 1$. Orientem la vora del sòlid anterior pel vector normal exterior i considerem el camp $\mathbf{F}(x,y,z) = (x^2,y,-2xz)$. Calculeu:

    (a) $\displaystyle\iint_{S_1} \mathbf{F}\, dr$, on S_1 és la superfície lateral curvada.

    (b) $\displaystyle\iint_{S_2} \mathbf{F}\, dr$, on S_2 és la tapa superior.

    (c) $\displaystyle\iint_{S_3} \mathbf{F}\, dr$, on S_3 és la tapa inferior.

    (d) El flux a través de la superfície lateral plana, utilitzant el teorema de la divergència.

47. Estudieu el flux del camp $\mathbf{F}(x,y,z) = (x+y^2, 2y+z^2, y+x^3)$ a través de l'el·lipsoide

$$36x^2 + 9y^2 + 4z^2 = 36$$

orientat pel vector normal exterior.

48. Sigui S la vora del sòlid revestit lateralment pel cilindre $x^2+y^2 = 1$, inferiorment pel pla $z = 1$ i superiorment pel paraboloide $z = 3+x^2+y^2$, orientada pel vector normal exterior. Calculeu el flux del camp $\mathbf{F}(x,y,z) = (e^y \cos z, y^3 + \ln^2 z, y^2 z + e^{\sin x})$ a través de la superfície S.

49. Si D és la bola $x^2 + y^2 + z^2 \leq 4$, i ∂D la seva vora orientada pel vector exterior, calculeu la integral següent utilitzant el teorema de la divergència:

$$\iint_{\partial D} (xy + y^2 + xz) \, da.$$

50. Proveu la igualtat dels dos membres de la fórmula del teorema d'*Stokes* quan el camp és

$$\mathbf{F}(x,y,z) = (y - z, z - x, x - y)$$

i S és el tros del pla $x + z = 1$ que està dins del cilindre $x^2 + y^2 = 1$.

51. La meitat superior de l'el·lipsoide $\dfrac{x^2}{2} + \dfrac{y^2}{2} + z^2 = 1$ talla el cilindre $x^2 + y^2 - y = 0$ al llarg d'una corba C. Calculeu la circulació del camp $\mathbf{F}(x,y,z) = (y^3, xy + 3xy^2, z^4)$ sobre C aplicant el teorema de *Stokes*.

52. Comproveu el teorema de *Stokes* sobre el triangle de vèrtexs $(3,0,0)$, $(0,3,0)$ i $(0,0,3)$ essent el camp $\mathbf{F}(x,y,z) = (2y, 3x^2, yz)$.

53. Apliqueu el teorema de *Stokes* per calcular el treball del camp $\mathbf{F}(x,y,z) = (y^2 - z^2, z^2 - x^2, x^2 - y^2)$ al llarg de l'hexàgon regular que és la secció del cub $0 \leq x \leq a$, $0 \leq y \leq a$, $0 \leq z \leq a$ amb el pla $x + y + z = \frac{3}{2}a$.

54. S'anomena *fus esfèric* a la part d'una superfície esfèrica limitada per dos meridians. Sigui S el fus esfèric determinat pels plans $y = 0$ i $y = x$ a l'esfera $x^2 + y^2 + z^2 = 1$ amb $x \geq 0$ i $y \geq 0$.

    (a) Parametritzeu S.

    (b) Parametritzeu la corba C que és la vora de S.

    (c) Comproveu el teorema de *Stokes* per al camp vectorial $F(x,y,z) = (xz, yz, xy)$, la superfície S i la corba C.

55. Constateu el teorema de *Stokes* pel camp $\mathbf{F}(x,y,z) = (3y, -xz, yz^2)$ i el tros S de la superfície $2z = x^2 + y^2$ limitada per $z \leq 2$.

56. El cilindre $x^2 + y^2 = b^2$ talla el pla $y + z = a^2$ en una corba C. Suposem $a^2 > b > 0$.

    (a) Sigui S la superfície intersecció del pla $y + z = a^2$ amb el sòlid $x^2 + y^2 \leq b^2$. Calculeu l'àrea de S.

(b) Comproveu el teorema de *Stokes* per al camp $\mathbf{F}(x,y,z) = (xy, yz, xz)$, la corba C (parametritzada en el sentit positiu respecte a la normal ascendent) i la superfície S.

57. Verifiqueu el teorema de *Stokes* pel camp $\mathbf{F}(x,y,z) = (x,y,z)$ i per la superfície S, la rampa espiral donada per la parametrització

$$\mathbf{u}(r,\theta) = (r\cos\theta, r\sin\theta, \theta), \ \ 0 \le r \le 1, \ 0 \le \theta \le 2\pi.$$

58. Integreu

$$\iint_S \operatorname{rot}\mathbf{F} \cdot \mathbf{n}\, da$$

on $\mathbf{F}(x,y,z) = (2z, 3x, 4y)$ essent S la superfície limitada pel tros de paraboloide $z = 9 - x^2 - y^2$ amb $z \ge 0$.

59. Calculeu

$$\iint_S \operatorname{rot}\mathbf{F} \cdot \mathbf{n}\, da$$

on $\mathbf{F}(x,y,z) = (2z, 3x, 4y)$ essent S l'esfera unitat.

60. Sigui $\mathbf{F}(x,y,z) = (x^2, 2xy + x, z)$. Considereu S el disc $x^2 + y^2 \le 1$ en el pla $z = 0$, i C la vora d'S. Determineu:

(a) El flux de $\mathbf{F}$ a través de S.

(b) La circulació de $\mathbf{F}$ entorn de C.

(c) El flux de $\operatorname{rot}\mathbf{F}$. Comproveu directament el teorema de *Stokes* en aquest cas.

61. Considereu el paraboloide $x^2 + y^2 - z = 0$. La seva intersecció amb el pla $y = z$ és una corba tancada C. Sigui el camp $\mathbf{F}(x,y,z) = (2z, x, y)$. Calculeu la integral de $\mathbf{F}$ al llarg de C.

62. Sigui el camp $\mathbf{F}(x,y,z) = (yz, xz, xy)$. Sobre el valor de la integral de $\mathbf{F}$ entorn d'una corba tancada orientada C que és la frontera d'una superfície regular S, quina de les respostes següents és correcta?

○ Depèn de la forma de la corba.

○ És zero.

○ Varia segons la forma de la superfície S.

○ És sempre positiu.

63. Justifiqueu que si S és una superfície tancada (per exemple, una esfera), llavors

$$\iint_S \left(\text{rot}\, \mathbf{F} \cdot \mathbf{n} \right) da = 0.$$

64. Sigui $\mathbf{F}(x,y,z)$ una funció harmònica, és a dir, que satisfà l'equació de *Laplace*:

$$\frac{\partial^2 \mathbf{F}}{\partial x^2} + \frac{\partial^2 \mathbf{F}}{\partial y^2} + \frac{\partial^2 \mathbf{F}}{\partial z^2} = 0.$$

Proveu que per a tota superfície tancada S es compleix

$$\iint_S \nabla \mathbf{F} \cdot \mathbf{n}\, da = 0.$$

65. Sigui $\mathbf{F}(x,y,z) = (y^2, x^2, z^2)$ un camp vectorial d'$\mathbb{R}^3$.

   (a) Trobeu el flux del camp a través de la frontera del sòlid definit per

$$V = \{x^2 + y^2 + z^2 \leq 1,\ x \geq 0,\ y \geq 0,\ z \geq 0\}.$$

   (b) Designem per S la base del sòlid anterior i C la vora d'S. Calculeu el treball que realitza $\mathbf{F}$ en recórrer C en sentit antihorari si ho mirem des del punt $(0,0,1)$.

66. Donats el camp $F(x,y,z) = (xy^2, x^2 y, y)$ i la superfície tancada formada pel cilindre $x^2 + y^2 = 1$ i els plans $z = 1$ i $z = -1$, trobeu el flux que surt d'aquesta superfície.

67. Calculeu la integral

$$\oint_C (y^2 + x^3)dx + x^4 dy,$$

on C és la frontera del quadrat $[0,1] \times [0,1]$ recorreguda en sentit antihorari.

68. Considereu C la corba intersecció de l'esfera $x^2 + y^2 + z^2 = 4$ i el pla $x + y + z = 0$ orientada de manera que des de l'eix OZ positiu el sentit és antihorari. Calculeu

$$\oint_C (2xy + z^2, x^2 + x, 2xz - x)\, d\mathbf{r}.$$

69. Estudieu la circulació del vector $\mathbf{F}(x,y,z) = \left(y^2 + z, \cos z + x^2, \cos(z^2) \right)$ al llarg de la corba C, que és la frontera de la *rampa espiral*

$$\mathbf{r}(u,t) = (u\cos t, u\sin t, t),\ u \in [0,1],\ t \in [0, 4\pi].$$

La corba C està orientada de manera que, vista des de l'eix OZ positiu, és recorreguda en sentit antihorari.

6.5 Breu resum teòric i fórmules d'ús freqüent

- Siguin f un camp escalar i $\mathbf{F} = (F_1, F_2, F_3)$ un camp vectorial.

  - Operador nabla: $\nabla = \left(\dfrac{\partial}{\partial x}, \dfrac{\partial}{\partial y}, \dfrac{\partial}{\partial z} \right)$.

  - Gradient de f: $\nabla f = \left(\dfrac{\partial f}{\partial x}, \dfrac{\partial f}{\partial y}, \dfrac{\partial f}{\partial z} \right)$.

  - Divergència de $\mathbf{F}$: $\nabla \cdot \mathbf{F} = \operatorname{div} \mathbf{F} = \dfrac{\partial F_1}{\partial x} + \dfrac{\partial F_2}{\partial y} + \dfrac{\partial F_3}{\partial z}$.

  - Rotacional de $\mathbf{F}$: $\nabla \times \mathbf{F} = \operatorname{rot} \mathbf{F}$.

  - Laplaciana de f: $\nabla^2 f = \nabla \cdot \nabla f = \dfrac{\partial^2 f}{\partial x^2} + \dfrac{\partial^2 f}{\partial y^2} + \dfrac{\partial^2 f}{\partial z^2}$.

- Sigui $\mathbf{r}(u,v)$, amb $(u,v) \in T$, una parametrització d'una superfície S. Es defineix l'àrea de S com

$$a(S) = \iint_T \| \mathbf{r}_u \times \mathbf{r}_v \| \, dudv.$$

- Sigui $S = \mathbf{r}(T)$ una superfície parametritzada descrita per una funció $\mathbf{r}$ de classe $\mathcal{C}^1$ definida en una regió T del pla u,v. I sigui f un camp escalar definit i fitat sobre S. Es defineix *la integral de superfície de f sobre S* com

$$\iint_S f \, da = \iint_T f(\mathbf{r}(u,v)) \| \mathbf{r}_u \times \mathbf{r}_v \| \, dudv$$

sempre que la integral doble del segon membre de la igualtat existeixi.

- Considerem S una superfície parametritzada per $\mathbf{r}(u,v)$ amb $(u,v) \in T$. La integral d'un camp vectorial $\mathbf{F}$ continu sobre S és

$$\iint_S \mathbf{F} \, d\mathbf{r} = \iint_{T(u,v)} \mathbf{F}(\mathbf{r}(u,v)) \cdot (\mathbf{r}_u \times \mathbf{r}_v) \, dudv = \iint_S (\mathbf{F} \cdot \mathbf{n}) \, da.$$

Aquesta integral és el *flux de F a través de S en la direcció de n* (vector unitari perpendicular a S en cada punt).

- Teorema de la divergència. Sigui D un sòlid limitat completament per una superfície tancada S, i sigui $F(x,y,z)$ un camp vectorial de classe $\mathcal{C}^1$ definit en D. Aleshores

$$\iint_S \mathbf{F} \, d\mathbf{r} = \iiint_D \operatorname{div} \mathbf{F}(x,y,z) \, dxdydz = \iiint_D \operatorname{div} \mathbf{F} \, dV.$$

- Teorema de Stokes. Sigui S una superfície (regular) amb normal unitària superior $\mathbf{n}$. Suposem que la frontera de S és una corba regular a trossos C orientada en sentit antihorari respecte a $\mathbf{n}$. Donat un camp vectorial $\mathbf{F} = (P, Q, R)$ de classe $\mathcal{C}^1$ en S, aleshores

$$\oint_C \mathbf{F} \, d\mathbf{r} = \iint_S (\operatorname{rot} \mathbf{F} \cdot \mathbf{n}) \, da.$$

7

Solucions dels problemes

7.1 Corbes parametritzades

1. Les solucions que es donen no són les úniques possibles.

    (a) $\mathbf{r}(t) = (a_1, a_2, a_3) + t(v_1, v_2, v_3), \ t \in \mathbb{R}$.

    (b) $\mathbf{r}(t) = (R\cos t, R\sin t), \ t \in [0, 2\pi]$.

    (c) $\mathbf{r}(t) = (R\cos t, R\sin t), \ t \in [0, 4\pi]$.

    (d) $\mathbf{r}(t) = (a\cos t, b\sin t), \ t \in [0, 2\pi]$.

2. Les solucions que es donen no són les úniques possibles.

    (a) $\mathbf{r}(t) = (R\sin t, R\cos t), \ t \in [0, 2\pi]$.

    (b) $\mathbf{r}(t) = (a\sin t, b\cos t), \ t \in [0, 2\pi]$.

    (c) $\mathbf{r}(t) = (R\cos t, R\sin t, bt), \ t, b \in \mathbb{R}$.

    (d) $\mathbf{r}(t) = (1-t)A + tB, \ t \in [0, 1]$.

3. $\mathbf{r}(t) = (2\sqrt{2}\cos t, 2\sqrt{2}\sin t), \ t \in [0, 2\pi]$.

4. $\mathbf{r}(t) = \begin{cases} (0, 1-t, t) & \text{si} \quad t \in [0, 1] \\ (t-1, t-1, 1) & \text{si} \quad t \in (1, 2]. \end{cases}$

5. Aquesta corba es diu cicloide i una parametrització és:

$$\mathbf{r}(t) = (a(t - \sin t), a(1 - \cos t)), \ t \geq 0.$$

6. $x = 2r\cos t - r\cos 2t,\ y = 2r\sin t - r\sin 2t,\ t \in [0,\infty)$.

7.   (a) $x = t - b\sin t,\ y = 1 - b\cos t,\ t \in [0,\infty)$.

   (b) Sí.

8. $\mathbf{r}(t) = (\sin^2 t, \sin^2 t),\ t \geq 0$.

9. Una possible solució és $\mathbf{r}(t) = (3, t^2 + 4t - 1, t),\ t \in \mathbb{R}$.

10. $\mathbf{r}(t) = \left(\frac{1}{3}\cos t, \sin t, 4 + \frac{2}{3}\cos t\right),\ t \in [0, 2\pi]$.

11. $\mathbf{r}(t) = \left(\frac{1}{\sqrt{2}}\cos t - \frac{1}{\sqrt{6}}\sin t, \frac{2}{\sqrt{6}}\sin t, \frac{-1}{\sqrt{2}}\cos t - \frac{1}{\sqrt{6}}\sin t\right),\ t \in [0, 2\pi]$.

12. $\mathbf{r}(t) = \left(1 + \cos t, \sin t, 2\sin\frac{t}{2}\right),\ t \in [0, 2\pi]$.

13. $\mathbf{r}(t) = \left(a\cos\frac{vt}{a}, a\sin\frac{vt}{a}\right),\ t \in [0, 2\pi a/v]$.

14.   (a) $r(t) = \left(\frac{p}{t^2}, \frac{2p}{t}\right)$.

   (b) $r(u) = \left(\frac{4p}{u^2}, \frac{4p}{u}\right)$.

15.   (a) $\mathbf{r}(t) = (t, 4t^2 + t + 1),\ t \in [1, 2]$.

   (b) $\mathbf{r}(t) = (e^t, 4e^{2t} + e^t + 1),\ t \in [0, \ln 2]$.

16. $x - 2\pi = \dfrac{y}{2\pi} = z - 2\pi$.

17. Es troba al punt de coordenades $(2, 3, 4)$.

18. $\mathbf{r}(t) = (\cos t, e^t + 1, \sin t + 3),\ t \in \mathbb{R}$.

19. $\mathbf{r}(t) = (e^t \sin t, 2t^4 + t, 3),\ t \in [0, 10]$.

20. Indicació: integreu dues vegades l'equació $\mathbf{r}''(t) = 0$.

21. $\dfrac{22}{5}$.

22.   (a) La longitud és 10.

   (b) La longitud és 2π.

23. $6a$.

24. $8a$.

25. 4.

26. $8a$.

27. $b\pi\sqrt{1 + 4\pi^2} + \dfrac{b}{2}\ln\left(2\pi + \sqrt{1 + 4\pi^2}\right)$.

28.   (a) No. Una parametrització per l'arc és

$$\mathbf{r}(s) = \left(\cos\frac{3}{5}s, \sin\frac{3}{5}s, \frac{4}{5}s \right), \ s \in [0, 10].$$

   (b) Sí està parametritzada per l'arc.

29. No. $\mathbf{r}(s) = \left(\dfrac{s}{\sqrt{3}} + 1 \right) \cos\ln\left(\dfrac{s}{\sqrt{3}} + 1 \right) \mathbf{i} + \left(\dfrac{s}{\sqrt{3}} + 1 \right) \sin\ln\left(\dfrac{s}{\sqrt{3}} + 1 \right) \mathbf{j} + \left(\dfrac{s}{\sqrt{3}} + 1 \right) \mathbf{k}$, $s \geq 0$.

30. Indicació: apliqueu les definicions.

31.   (a) $\kappa = 9/25$.

   (b) $\kappa = 1$.

   (c) $\kappa(x, y) = \dfrac{a^4 b^4}{(a^4 y^2 + b^4 x^2)^{3/2}}.$

32. En aquest punt la curvatura és 6.

33. La màxima curvatura es troba al punt d'abscissa $x = \dfrac{-\ln 8}{4}$.

34. La curvatura màxima és 1 i la mínima val $\dfrac{\sqrt{2}}{2}$.

35.   (a) $\kappa(t) = \dfrac{\sqrt{3}}{(2 - \sin 2t)^{3/2}}.$

   (b) $\tau = 0$, es tracta d'una corba plana.

   (c) És una força central (observeu que té sentit oposat al del moviment).

36.   (a) El valor mínim és $\dfrac{1}{4a}$ i s'assoleix per a $t = \pi$.

   (b) $a_T = \dfrac{a}{\sqrt{2}} \dfrac{\sin t}{\sqrt{1 - \cos t}}, \ a_N = \dfrac{a}{\sqrt{2}}\sqrt{1 - \cos t}.$

37.   (a) El valor mínim de la curvatura és $1/4$ i el màxim 2.

   (b) $a_T = \dfrac{-3\sin 2t}{2\sqrt{1 + 3\cos^2 t}}$ i $a_N = \dfrac{2}{\sqrt{1 + 3\cos^2 t}}.$

   (c) $\tau = 0$.

38.   (a) El tríedre de *Frenet* el formen els vectors:

   $\mathbf{T}(t) = \dfrac{1}{\sqrt{2}}(-\sin t, \cos t, 1), \mathbf{N}(t) = (-\cos t, -\sin t, 0)$ i $\mathbf{B}(t) = \dfrac{1}{\sqrt{2}}(\sin t, -\cos t, 1).$

   El pla osculador en un punt $(\cos t, \sin t, t)$ ve donat per $x\sin t - y\cos t + z = t$.

   (b) L'angle és de $\dfrac{\pi}{4}$ radians en qualsevol punt.

39. (a) $\mathbf{T}(t) = \left(\dfrac{-3}{5}\sin\dfrac{t}{5}, \dfrac{3}{5}\cos\dfrac{t}{5}, \dfrac{4}{5} \right), t \in \mathbb{R}; |\mathbf{r}'(t)| = 1.$

(b) $\kappa(t) = \dfrac{3}{25}, \forall t.\ \mathbf{N}(t) = \left(-\cos\dfrac{t}{5}, -\sin\dfrac{t}{5}, 0 \right), t \in \mathbb{R}.$

(c) $\mathbf{B}(t) = \left(\dfrac{4}{5}\sin\dfrac{t}{5}, \dfrac{-4}{5}\cos\dfrac{t}{5}, \dfrac{3}{5} \right), t \in \mathbb{R};\ \tau(t) = \dfrac{4}{25}, \forall t.$

(d) Les equacions paramètriques són:

$$\left. \begin{aligned} x &= 3\cos\frac{t}{5} - \frac{3}{5}\alpha\sin\frac{t}{5} - \beta\cos\frac{t}{5} \\ y &= 3\sin\frac{t}{5} + \frac{3}{5}\alpha\cos\frac{t}{5} - \beta\sin\frac{t}{5} \\ z &= \frac{4}{5}t + \frac{4}{5}\alpha \end{aligned} \right\} \quad \text{amb}\ \ \alpha \in \mathbb{R}, \beta \in \mathbb{R}.$$

L'equació cartesiana és $20\sin\dfrac{t}{5}x - 20\cos\dfrac{t}{5}y + 15z - 12t = 0.$

(e) Indicació: considereu el producte escalar d'uns certs vectors.

40. (a) $|\mathbf{r}'(t)| = 1, \forall t.$

(b) $\kappa(t) = 1, \forall t.\ \tau(t) = 0, \forall t.$

(c) $\mathbf{T}(t) = \left(\dfrac{-4}{5}\sin t, -\cos t, \dfrac{3}{5}\sin t \right), \mathbf{N}(t) = \left(\dfrac{-4}{5}\cos t, \sin t, \dfrac{3}{5}\cos t \right), \mathbf{B}(t) = \left(\dfrac{-3}{5}, 0, \dfrac{-4}{5} \right),$
per $t \in \mathbb{R}.$

(d) La corba és plana ja que $\tau \equiv 0$. A més a més la curvatura és constant; per tant és una circumferència de radi $\dfrac{1}{\kappa} = 1$. El centre és $(0, 1, 0)$.

41. (a) Sí.

(b) $\kappa \equiv 1, \tau \equiv 0.$

(c) Es tracta d'una circumferència de centre $(0, 0, 0)$ i radi 1.

(d) Es troba continguda dins el pla $x + y + z = 0$.

42. (a) $\dfrac{1}{t}$

(b) $e(t) = (\cos(t), \sin(t))$.

43. (a) $\mathbf{r}(t) = \left(\dfrac{t^2}{200}, t \right), t \in \mathbb{R}.$

(b) La curvatura és màxima en $(0, 0)$ i la torsió és nul·la en tot punt.

(c) 50 m/s.

44. Als punts $(-2, 12, 14)$ i $(-2, 3, -4)$.

45. Indicació: utilitzeu el fet que el vector $\mathbf{r}' \wedge \mathbf{r}''$ és paral·lel al vector binormal. Punt: $(1, \ln 2, -4)$.

46. $a_N = 24 \cdot 10^7$ m/s^2.

47. Donada la corba $\mathbf{r}(t) = (e^t \cos t, e^t \sin t, e^t)$.

  (a) N'hi ha prou amb comprovar, per exemple, que el vector $(1,0,0)$ està contingut dins del subespai generat per $\mathbf{r}'\left(\dfrac{\pi}{4}\right)$ i $\mathbf{r}''\left(\dfrac{\pi}{4}\right)$.

  (b) Considerem el punt corresponent a $t = \dfrac{\pi}{4}$. El tríedre de *Frenet* és

$$\mathbf{T} = \frac{1}{\sqrt{3}}\left(0, \sqrt{2}, 1\right), \quad \mathbf{N} = (-1, 0, 0), \quad \mathbf{B} = \frac{1}{\sqrt{6}}\left(0, -\sqrt{2}, 2\right)$$

  Pla determinat per $\mathbf{T}$ i $\mathbf{N}$: $\sqrt{2}y - 2z = -e^{\pi/4}$.
  Pla determinat per $\mathbf{T}$ i $\mathbf{B}$: $2x = \sqrt{2}\,e^{\pi/4}$.
  Pla determinat per $\mathbf{N}$ i $\mathbf{B}$: $\sqrt{2}y + z = 2\,e^{\pi/4}$.

  (c) La longitud és $\sqrt{3}\,e^{\pi/4}\,(e^\pi - 1)$.

48. La corba està sobre el con $x^2 + y^2 = z^2$.

49. Per a cada $a > 0$:

  (a) $\pi a/4$.

  (b) $2a^2/3$.

  (c) $x^2 + (y - a/2)^2 = a^2/4$: una circumferència de centre $(0, a/2)$ i radi $a/2$.

7.2 *Introducció a les funcions de diverses variables*

1.   (a) $D = \mathbb{R}^2$.

  (b) $D = \mathbb{R}^2$.

  (c) $D = \mathbb{R}^2 \setminus \{(0,0)\}$.

  (d) $D = \mathbb{R}^3 \setminus \{(0,0,0)\}$.

2. Domini: $\{(x,y) \in \mathbb{R}^2 : x^2+y^2 < 25 \text{ i } x \in [-2,2]\}$.
Interior: $\{(x,y) \in \mathbb{R}^2 : x^2+y^2 < 25 \text{ i } x \in (-2,2)\}$.
Adherència: $\{(x,y) \in \mathbb{R}^2 : x^2+y^2 \le 25 \text{ i } x \in [-2,2]\}$.
Frontera: $\{(x,y) \in \mathbb{R}^2 : x^2+y^2 = 25 \text{ i } x \in [-2,2]\} \cup \{(x,y) \in \mathbb{R}^2 : x = 2, y \in [-\sqrt{21}, \sqrt{21}]\} \cup$
$\{(x,y) \in \mathbb{R}^2 : x = -2, y \in [-\sqrt{21}, \sqrt{21}]\}$.
El conjunt no és ni obert ni tancat. És fitat i no compacte. És connex i convex.

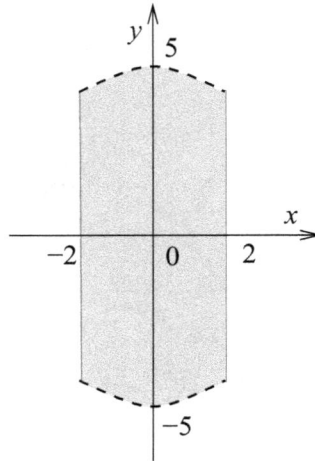

3. El domini del conjunt és $D = \{(x,y) \in \mathbb{R}^2 : -x^2+4y^2 > 16\}$.
L'interior és el mateix conjunt.
L'adherència és $\{(x,y) \in \mathbb{R}^2 : -x^2+4y^2 \ge 16\}$.
La frontera és la hipèrbola $-x^2+4y^2 = 16$. El conjunt és obert i no tancat. No és fitat ni compacte. No és connex ni convex.

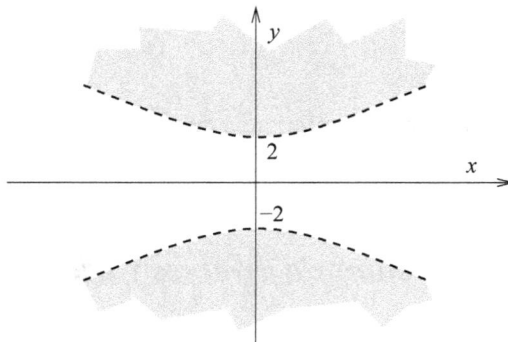

4.   (a) Estudi del pla. L'interior és buit. L'adherència és ell mateix. El derivat és ell mateix, i la frontera també. És tancat i no obert. No és fitat ni compacte. És connex i convex.

(b) Estudi de la recta. L'interior és buit. L'adherència és ella mateixa. El derivat és la mateixa recta, i la frontera també. És tancat i no obert. No és fitat ni compacte. És connex i convex.

5. No, perquè és tancat però no fitat.

6.   (a) $\overset{\circ}{A} = \emptyset, \overline{A} = A, A' = A, \mathrm{Fr}(A) = A$. És tancat i no obert. No és compacte ja que no és fitat. És connex i convex.

  (b) $\overset{\circ}{B} = \emptyset, \overline{B} = B \cup \{(0,0)\}, B' = \overline{B}, \mathrm{Fr}(B) = \overline{B}$. No és obert ni tancat. No és compacte. És fitat. És connex però no convex.

  (c) $\overset{\circ}{C} = \emptyset, \overline{C} = C, C' = C, \mathrm{Fr}(C) = C$. És tancat i no obert. No és fitat. No és compacte. No és connex ni convex.

  (d) $\overset{\circ}{D} = D, \overline{D} = \{(x,y) \in \mathbb{R}^2 : x^2 + y^2 \geq 1\}$. $\mathrm{Fr}(D) = \{(x,y) \in \mathbb{R}^2 : x^2 + y^2 = 1\}$. $D' = \overline{D}$. És obert. No és tancat ni fitat. No és compacte. És connex i no convex.

7.   (a) Aquest conjunt és

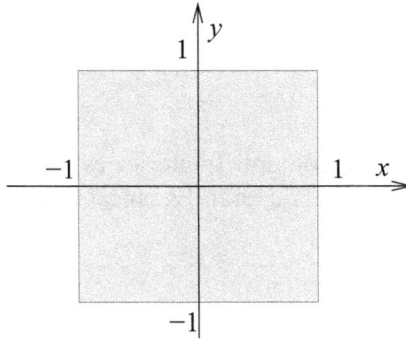

L'adherència és el mateix conjunt. L'interior és $\{(x,y) \in \mathbb{R}^2 : |x| < 1, |y| < 1\}$. La frontera està formada pels costats del quadrat. És tancat i fitat i, per tant, compacte. És connex i convex.

  (b) El dibuix d'aquest conjunt és

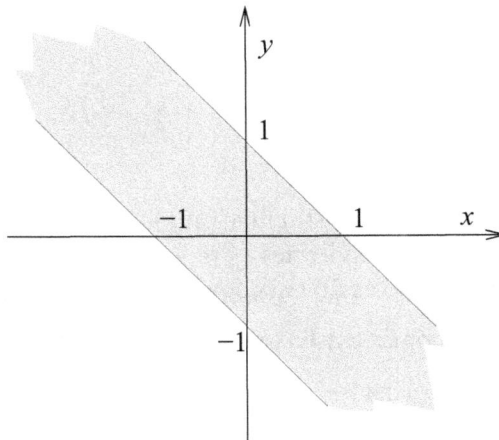

L'adherència és el mateix conjunt. L'interior és $\{(x,y) \in \mathbb{R}^2 : |x+y| < 1\}$. La frontera la formen les rectes $y = 1 - x$ i $y = -1 - x$. És tancat però no fitat, per tant, no és compacte. És connex i convex.

(c) La representació gràfica del conjunt és

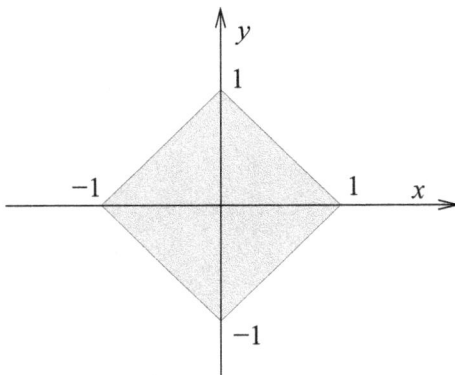

L'adherència és el mateix conjunt. L'interior és $\{(x,y) \in \mathbb{R}^2 : |x| + |y| < 1\}$. La frontera està formada pels costats del quadrat. És tancat i fitat i, per tant, és compacte. És connex i convex.

(d) El dibuix és

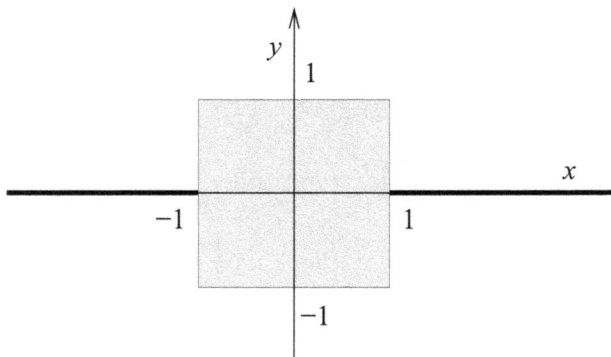

L'interior és el quadrat obert $(-1,1) \times (-1,1)$. L'adherència és el propi conjunt. La frontera està formada per les semirectes $(-\infty, -1), (1, +\infty)$ i els quatre costats del quadrat. No és obert, és tancat. No és fitat ni compacte. És connex però no convex.

8.   (a) Les corbes de nivell només existeixen per a $c \geq 0$ i són:

   • L'origen de coordenades si $c = 0$.
   • Circumferències centrades a l'origen de radis $\sqrt{c}$ si $c > 0$.

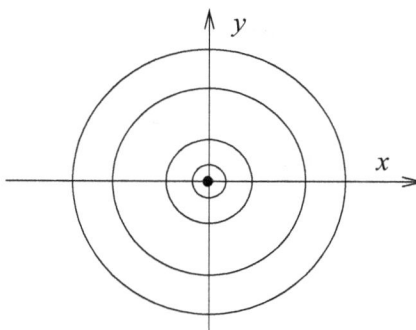

(b) Les corbes de nivell només existeixen per a $c \geq 0$ i són:

- L'origen de coordenades si $c = 0$.
- El·lipses centrades a l'origen amb semieixos $\sqrt{\frac{c}{3}}$ i $\sqrt{\frac{c}{2}}$ si $c > 0$.

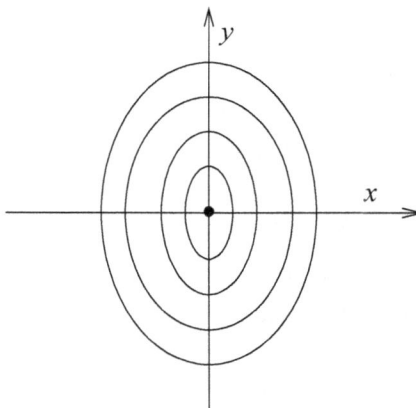

(c) Les corbes de nivell només existeixen per a $c \leq 9$ i són:

- L'origen de coordenades si $c = 9$.
- Circumferències centrades a l'origen de radis $\sqrt{9-c}$, si $c < 9$.

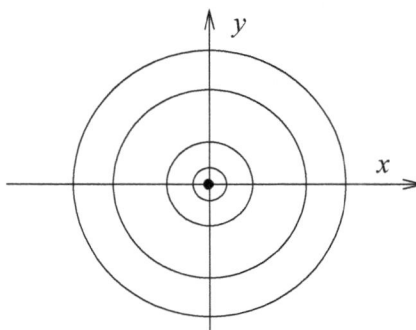

9. (a) Només té sentit per als valors $c \geq -\frac{1}{4}$.

- Per al nivell $c = -\frac{1}{4}$ és la recta vertical $x = \frac{1}{2}$.

- Per als nivells $c > -\frac{1}{4}$ tenim el parell de rectes verticals $x = \frac{1}{2} \pm \frac{\sqrt{1+4c}}{2}$, una a cada banda i equidistants de la recta corresponent al nivell $c = -\frac{1}{4}$.

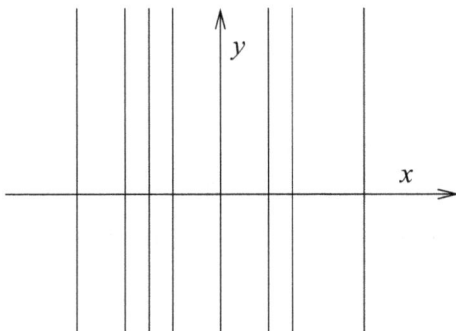

(b) Només té sentit per als valors $c \geq 0$.

- Per al nivell $c = 0$ és l'origen de coordenades.

- Per als nivells $c > 0$ són quadrats concèntrics centrats a l'origen, de costats $2c$ paral·lels als eixos coordenats.

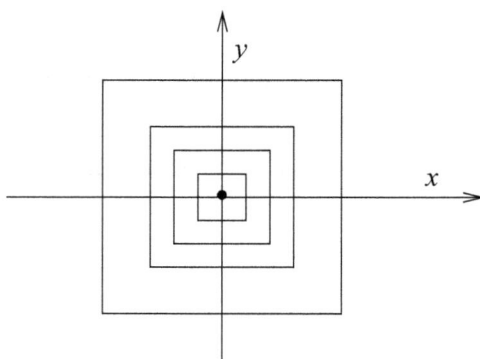

(c) Les corbes de nivell són:

- Les dues rectes $y = \pm x$ si $c = 0$.

- Les hipèrboles $x^2 - y^2 = c$ si $c \neq 0$.

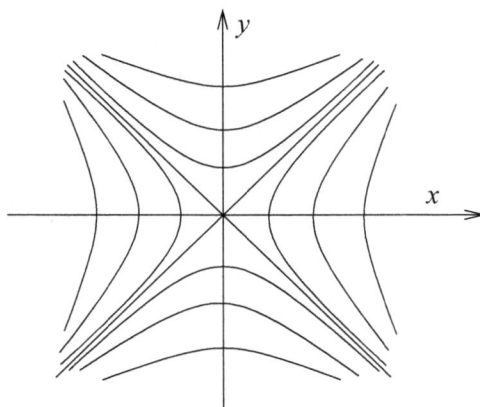

(d) Les corbes de nivell només existeixen per als valors $c \in [0,2]$ i són:

- Per al nivell $c = 2$ és l'origen de coordenades.

- Per als nivells $c \in [0,2)$ són el·lipses centrades a l'origen amb semieixos

$$a = \frac{\sqrt{36 - 9c^2}}{3} \quad \text{i} \quad b = \frac{\sqrt{36 - 9c^2}}{2}$$

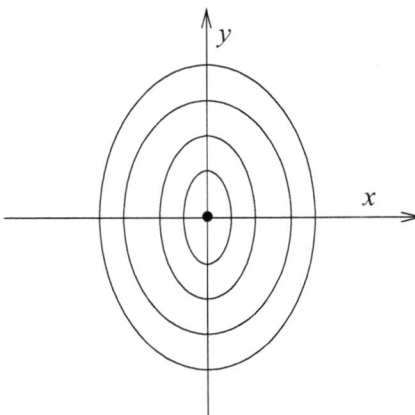

10. (a) Només té sentit si $c \geq 0$.

- Per a $c = 0$ tenim els dos eixos de coordenades.

- Per a $c > 0$ les corbes de nivell són parelles d'hipèrboles (les quatre branques): $y = \pm \frac{c}{x}$.

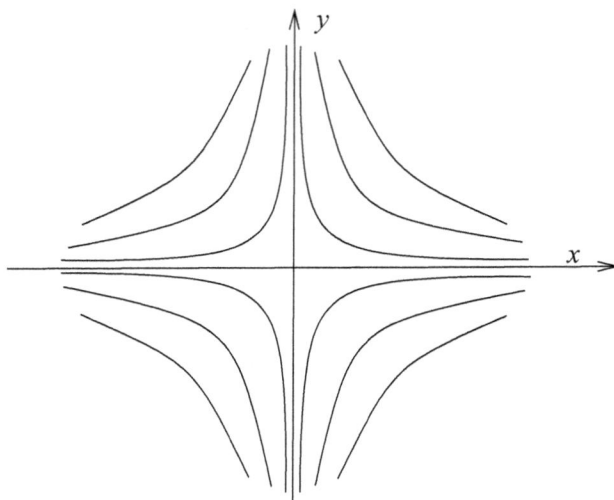

(b) Només existeixen si $c \geq 0$ i són:

- L'origen de coordenades si $c = 0$.

- Astroides si $c > 0$.

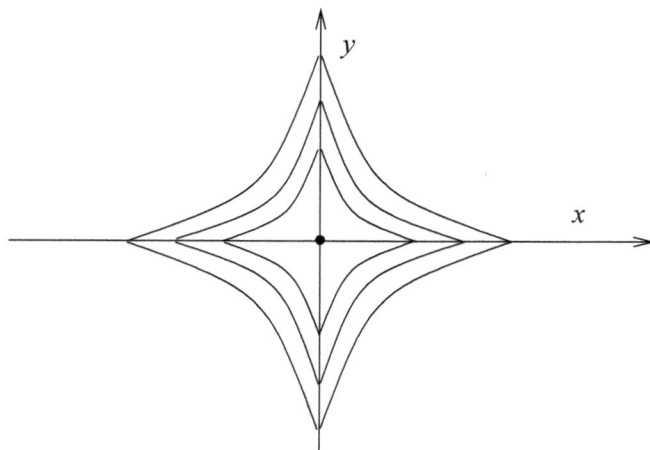

(c) Les corbes de nivell són les gràfiques de les funcions cúbiques $y = x^3 + 3 - c$, per a qualsevol valor de c; és a dir, $y = x^3 + k$, $\forall k \in \mathbb{R}$.

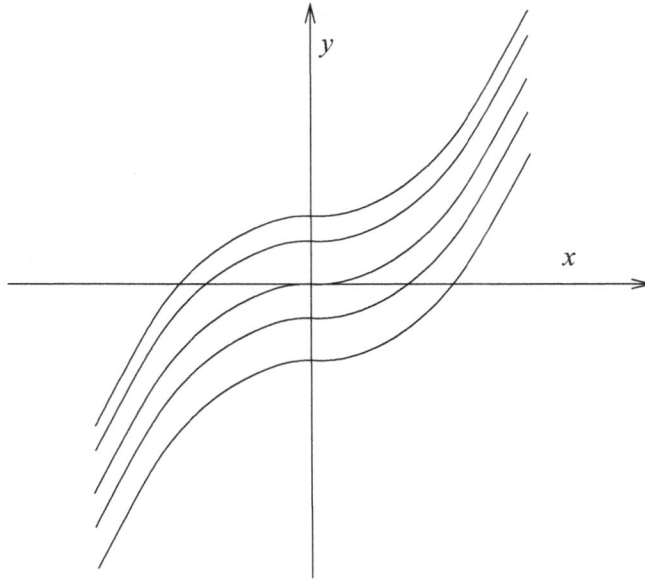

(d) Només té sentit si $c \geq 0$.

- Per a $c = 0$ és l'origen de coordenades.
- Per a $c > 0$ són quadrats concèntrics amb els seus vèrtexs sobre els eixos de coordenades.

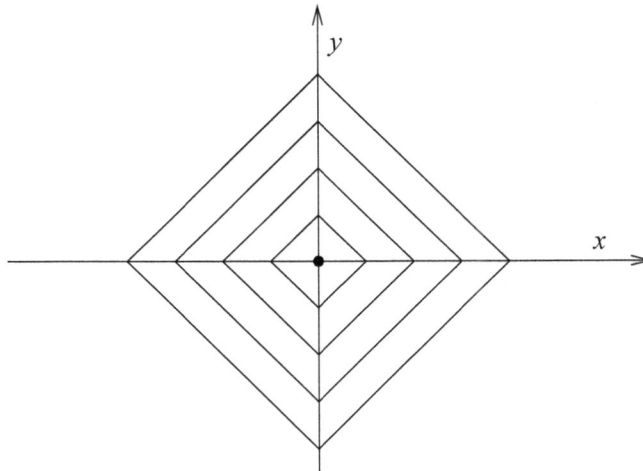

11.
- Per a $k = 0$, s'obté la recta $x = 0$, que és l'eix d'ordenades.
- Per a $k \neq 0$, tenim:

$$\frac{x^2}{x + y^2} = k \iff x^2 = kx + ky^2.$$

Completant quadrats, l'expressió anterior es converteix en

$$\left(x - \frac{k}{2}\right)^2 - ky^2 = \frac{k^2}{4}.$$

Per tant,

- Per a $k > 0$, s'obtenen hipèrboles.
- Per a $k < 0$, s'obtenen el·lipses. En particular, per a $k = -1$, s'obté una circumferència.

A la figura següent teniu les gràfiques d'unes quantes d'aquestes corbes.

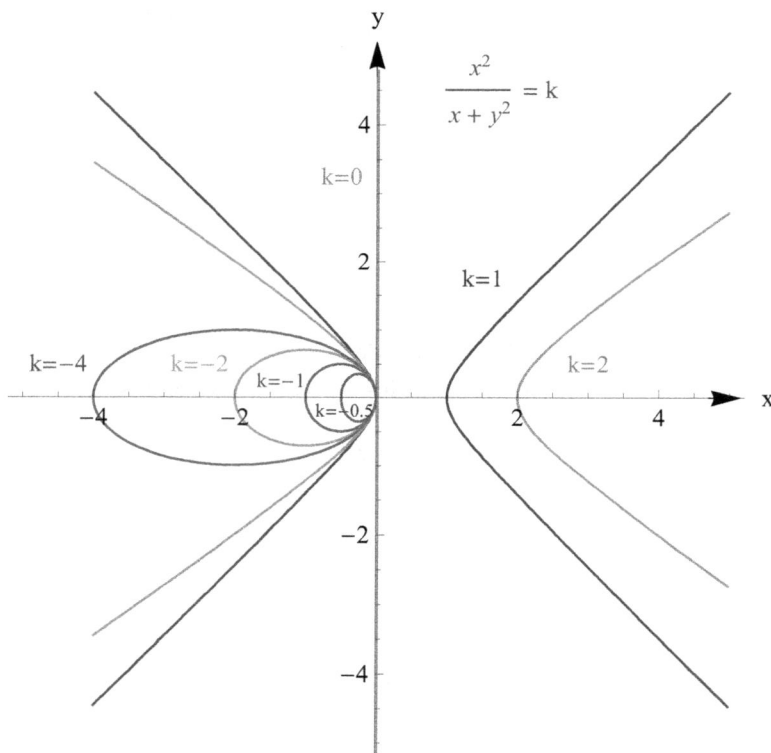

12.   (a) Les superfícies de nivell només existeixen si $c \geq 0$ i són:
- L'origen de coordenades si $c = 0$.
- Esferes concèntriques centrades a l'origen amb radis $\sqrt{c}$ per a $c > 0$.

(b) Només té sentit si $c \geq 0$ i es tracta de:
- L'origen de coordenades si $c = 0$.
- El·lipsoides centrats a l'origen amb semieixos $2\sqrt{c}$, $3\sqrt{c}$ i $4\sqrt{c}$ si $c > 0$.

(c) Les superfícies de nivell d'aquesta funció només existeixen si $c \geq 0$ i es tracta de :

- L'eix OZ si $c = 0$.
- Cilindres el·líptics verticals si $c > 0$.

13. (a) Les superfícies de nivell són:
- Hiperboloides de dues fulles per a $c < 0$.
- El con $x^2 + y^2 = z^2$ per a $c = 0$.
- Hiperboloides d'una fulla per a $c > 0$.

(b) Les superfícies de nivell només existeixen si $c \geq 0$ i són:
- El pla vertical $x = 1$ si $c = 0$.
- Parelles de plans $x = 1 \pm \sqrt{c}$, paral·lels i equidistants al pla anterior $x = 1$ si $c > 0$.

14. (a) Un con.

(b) Un cilindre hiperbòlic.

(c) Un paraboloide hiperbòlic.

15. La c.

16. La primera, $z = 4 - y^2$, és un cilindre parabòlic en la direcció de l'eix de les OX. La segona, $z = x^2 + 3y^2$, és un paraboloide el·líptic (les corbes de nivell són el·lipses).
La projecció en el pla XY és l'el·lipse $\frac{1}{4}x^2 + y^2 = 1$.

17. $a \to 4$, $b \to 1$, $c \to 2$ i $d \to 3$.

18. (a) A la figura següent teniu el domini.

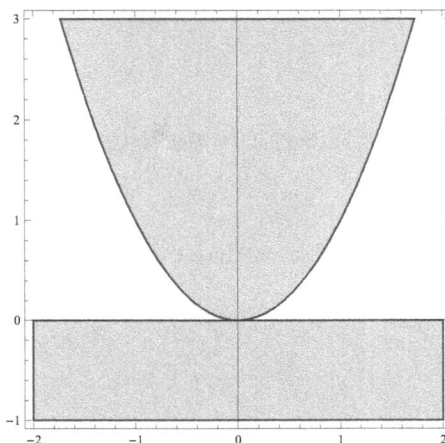

L'eix d'abscisses no en forma part. La paràbola sí (excepte el punt $(0,0)$).
No és fitat, no és tancat, no és compacte.

(b) Només hi ha corbes de nivell no negatiu.
- Per a $k = 0$ s'obté la paràbola $y = x^2$.

- Per a $k > 0$ s'obté

$$\frac{y - x^2}{y} = k^2.$$

O, equivalentment, $(1 - k^2)y = x^2$.

– Si $k = 1$, s'obté la recta $x = 0$, que és l'eix d'ordenades.

– Si $k \neq 1$, s'obtenen paràboles que tenen el vèrtex sobre l'origen de coordenades:

$$y = \frac{1}{1 - k^2}x^2,$$

i són *còncaves amunt* quan $0 < k < 1$ i *còncaves avall* quan $k > 1$.

A la figura següent en teniu algunes de les corbes de nivell.

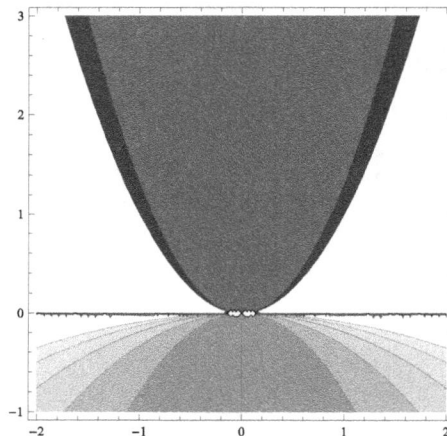

7.3 Diferenciabilitat de funcions de diverses variables

1.   (a) Són zero.

    (b) Indicació: passeu a polars, o bé vegeu que és un producte d'una funció que tendeix a zero per una funció fitada.

2.   (a) No existeix.

    (b) No existeix.

    (c) $(0,0)$.

    (d) $-7/4$.

    (e) No existeix.

3. Val zero.

4.   (a) 3.

(b) No existeix.

5. Fent un canvi a coordenades polars es pot provar que aquest límit existeix i val 0.

6.   (a) Discontinuïtat essencial als punts (x, y) tals que $x^2 + y^2 - 2x = 0$ i contínua en tots els altres.

   (b) Discontinuïtat essencial als punts (x, y) tals que $x + y^2 = 0$ i contínua en tots els altres. Per veure–ho al punt $(0, 0)$, preneu la corba $x = -y^2 + my^3$, per exemple.

7. Indicació: calculeu els límits direccionals.

8. Indicació: calculeu els límits direccionals.

9. Indicació: només cal veure que K és un compacte de $\mathbb{R}^2$ i que f és contínua en K.

10. Per a K i f, tenim:

   (a) És fàcil veure que K és tancat i fitat.

   (b) f és contínua en tot $\mathbb{R}^2$.

   (c) Considereu els dos apartats anteriors: la imatge d'un conjunt compacte per una funció contínua és un conjunt compacte.

11. La derivada direccional val $12/\sqrt{2}$. És màxima seguint la direcció del gradient de f al punt $(1, 2, 3)$. El màxim val $\approx 20, 86$.

12.   (a) $\sqrt{e}$.

   (b) 0.

13. Segons l'eix OX és -2 i segons l'eix OY val -8.

14. 2.

15. $D_v f(1, 2, -2) = \dfrac{-16}{243}$.

16.   (a) $\dfrac{34}{3}$.

   (b) 13.

17.   (a) Segons el vector $-\nabla f = (0.6, 1)$.

   (b) $\approx 1, 17$.

18. La derivada direccional és $\pm 7/\sqrt{17}$ segons el sentit seguit.

19.   (a) Són el·lipses per als nivells amb $c < 1053$ i l'origen de coordenades per al nivell $c = 1053$.

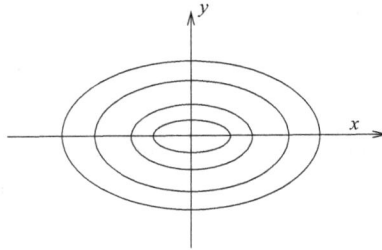

   (b) Convé que es moguin en la direcció del vector $(-1, -1.4)$. El ritme d'ascensió serà ≈ 1.72.

   (c) El seu ritme és ≈ 1.397.

   (d) La velocitat màxima és 25.39.

20.   (a) El llac té forma d'el·lipse: $\dfrac{x^2}{500} + \dfrac{y^2}{125} = 20$.

   (b) En la direcció oposada a $\nabla p(30, 0)$, és a dir, ha de nedar en la direcció i sentit del vector $(1, 0)$.

   (c) Ha de nedar cap a uns dels punts següents: $(40, 10\sqrt{21})$ o bé $(40, -10\sqrt{21})$.

   (d) La distància és de 70 metres a l'apartat (b) i de $10\sqrt{22}$ metres a l'apartat (c).

21.   (a) $\dfrac{\partial f}{\partial x}(x,y) = \dfrac{y^2 - x^2}{(x^2 + y^2)^2}$, $\quad \dfrac{\partial f}{\partial y}(x,y) = \dfrac{-2xy}{(x^2 + y^2)^2}$.

   (b) $\dfrac{\partial f}{\partial x}(x,y) = e^x(\sin xy + y\cos xy)$, $\quad \dfrac{\partial f}{\partial y}(x,y) = xe^x \cos xy$.

   (c) $\dfrac{\partial f}{\partial x}(x,y) = -\sin x^2$, $\quad \dfrac{\partial f}{\partial y}(x,y) = \sin y^2$.

22. $(0, 1, 0)$.

23. $-\dfrac{13}{5}$.

24.   (a) $\nabla f = (3, 2)$.

   (b) $17/5$.

25. $D_n f(x_0, y_0, z_0) = x_0 + y_0 + z_0$.

26. Es mou sobre un tros de la paràbola $y^2 = 10x$.

27.   (a) Corbes de nivell: Si $c > 1$ no hi ha corbes de nivell. Si $c = 1$ és l'eix $y = 0$. Si $c < 1$ tenim dues rectes horitzontals equidistants de l'eix d'abscisses: $y = \sqrt{1-c}$ i $y = -\sqrt{1-c}$. La gràfica de la funció $f(x,y) = -y^2 + 1$ és un cilindre parabòlic.

   (b) Ha de seguir la direcció $-\nabla T(x,y,z) = (4x^3 - 26x, 4y^3 - 26y, 0)$.

(c) $\mathbf{r}(t) = (0, t, 1 - t^2)$, $t \in [1, 2]$.

28. Existeixen les derivades parcials a l'origen i són contínues. Per tant, la funció és $C^1(\mathbb{R}^2)$ i diferenciable. El valor màxim de la derivada direccional és $\sqrt{5}/3$.

29. $\mathbf{F}$ és diferenciable al punt $(0, 0)$.

30. $-\sin^2 t - 2\sin 2t - t\sin 2t$.

31. $\dfrac{\partial(f \circ \mathbf{G})}{\partial x} = 4x^3 + 3x^2 + 6xy + 2x + 3y$, $\dfrac{\partial(f \circ \mathbf{G})}{\partial y} = 3x^2 + 6y + 3x$.

32. $\nabla(f \circ \mathbf{g})(x, y) = \left(h(x)\sin(x+y) + \cos(x+y)\displaystyle\int_0^x h(t)\,dt,\ \cos(x+y)\int_0^x h(t)\,dt \right)$.

33. $dz = \left(v\dfrac{\partial f}{\partial x} + 2u\dfrac{\partial f}{\partial y} \right)du + \left(u\dfrac{\partial f}{\partial x} + 2v\dfrac{\partial f}{\partial y} \right)dv$.

34. $\dfrac{dz}{dx}(1, 1) = 0$, $\dfrac{dz}{dy}(1, 1) = 7$.

35. $(2, 0)$.

36. Indicació: apliqueu la regla de la cadena.

37. Indicació: calculeu les parcials i substituïu–les.

38. Indicació: apliqueu la regla de la cadena.

39. $u^2\left(\dfrac{\partial z}{\partial u}\right)^2 - \left(\dfrac{\partial z}{\partial v}\right)^2 = 0$.

40. Sí, al punt $(3, 3, -18)$.

41. (a) $\dfrac{x-2}{2} = \dfrac{y-2}{2} = \dfrac{z-4}{-1}$.

  (b) $\dfrac{x-2}{6} = \dfrac{y+2}{4} = \dfrac{z+4}{-1}$.

  (c) $y = 0$, $x = \pi/2$.

  (d) $\dfrac{x-3}{2} = \dfrac{y-2}{3} = \dfrac{z-1}{6}$.

42. (a) $x = 1$.

  (b) $3x - 4y - 25 = 0$.

43. Punt $(2, 2, 0)$.

44. Creua en $(3, 2, 0)$ per a $t = \dfrac{3}{10}$ segons.

45. Hi ha dos plans: $x - y + 2z = \pm\sqrt{\dfrac{11}{2}}$.

46. Les coordenades del punt de l'el·lipsoide són $x_0 = ka^2A$, $y_0 = kb^2B$ i $z_0 = kc^2C$ essent $k = \dfrac{\pm 1}{\sqrt{A^2a^2 + B^2b^2 + C^2c^2}}$. No és cert per al cilindre (penseu en un pla horitzontal).

47. El punts són $(0, 2\sqrt{2}, -2\sqrt{2})$ i $(0, -2\sqrt{2}, 2\sqrt{2})$.

48.   (a) $a = 6$, $b = 4$, $c = -18$.

   (b) $2x + 3y + 2z = 9$.

49. ≈ 0.53 radiants.

50.   (a) $\pi/2$ radiants als dos punts.

   (b) En el punt $(0, 1)$ les rectes són $y = 1$ i $x = 0$. En el punt $(1, 0)$ són $x = 1$ i $y = 0$.

51. $\pi/2$ radiants al punt $(0, 0)$ i $\approx 1,1071$ radiants al punt $(1, 1)$.

52.   (a) $x^4 - 3xy + y^3 = 3$, $3x^2 + 2y^2 = 11$ i $y^4 \ln x + x^4 y^2 = 4$.

   (b) $9x + 2y = 13$, $4x - 3y = -2$ i $x - 8y = -15$.

   (c) $-2x + 9y = 16$, $3x + 4y = 11$ i $8x + y = 10$.

53. $4x + 2y + z + 8 = 0$.

54. La suma sempre val a.

55.   (a) Indicació: comproveu que els vectors gradients en aquest punt són ortogonals.

   (b) $\mathbf{r}(t) = \left(\dfrac{a}{\sqrt{2}} \cos t, \dfrac{a}{\sqrt{2}} \sin t, \dfrac{a}{\sqrt{2}} \right)$, $t \in [0, 2\pi]$.

56. Els punts satisfan la condició $a^2 + b^2 + c^2 = 2$.

57.   (a) L'angle d'intersecció és $\pi/2$ radiants.

   (b) La recta tangent és $\dfrac{x-1}{1} = \dfrac{y-1}{0} = \dfrac{z-1}{-1}$.

58.   (a) $\left(\dfrac{1}{3}, \dfrac{2}{3}, 2 \right)$.

   (b) Trigarà $\dfrac{3\sqrt{3}}{25}$ segons.

59.   (a) $x_0 x + y_0 y - z_0 z = 4$.

   (b) Si R és el radi de la pilota, la distància demanada és $\sqrt{2R^2 - 8}$.

60.   (a) $-16xy$.

   (b) $\dfrac{-4xy}{(x^2 + y^2)^2}$.

   (c) 0.

61. $\frac{\partial^2 f}{\partial x \partial y}(0,0) = 1$, $\frac{\partial^2 f}{\partial y \partial x}(0,0) = -1$. Deduim que les derivades segones encreuades no són contínues en $(0,0)$, és a dir f no és de classe $C^2(\mathbb{R}^2)$.

62. Indicació: utilitzeu la regla de la cadena per determinar les derivades de segon ordre.

63.   (a) Sí en $\mathbb{R}^2$.

     (b) Sí en $\mathbb{R}^2$.

     (c) No.

     (d) Sí en $\mathbb{R}^2$.

     (e) Sí en $\mathbb{R}^3 \setminus \{(0,0,0)\}$.

     (f) No.

     (g) Sí en $\mathbb{R}^3$.

64. Indicació: apliqueu la regla de la cadena.

65.   (a) Indicació: apliqueu la regla de la cadena.

     (b) El límit val 2 per a tot x. Això vol dir que, per a valors del temps molt grans, la temperatura tendeix a ser homogènia, o sigui, la mateixa per a tots els punts de la vareta.

66. $P_2(x,y) = 1 - x + xy$.

67. $P_2(x,y) = x + y^2$.

68. $-3 + 2(x+y) - \frac{1}{2}(x^2 + y^2)$.

69.   (a) Indicació: apliqueu el teorema fonamental del càlcul per provar que f és de classe $C^1(\mathbb{R}^2)$, per a tot λ.

     (b) $\lambda = \pm 2\sqrt{2}$.

70.   (a) Màxims locals als punts $(0, 2k\pi)$ amb $k \in \mathbb{Z}$. Mínims locals als punts $(0, (2k-1)\pi)$ amb $k \in \mathbb{Z}$.

     (b) Mínims relatius als punts $(a,0)$ i $(-a,0)$.

     (c) Mínims relatius als punts $(-4,4)$ i $(4,-4)$.

     (d) Al punt $(-1,1)$ hi ha un mínim relatiu.

71.   (a) Mínim relatiu al punt $(0,0)$ i, de fet, mínim absolut.

     (b) Al punt $(3,3)$ hi ha un mínim relatiu.

     (c) Són mínims relatius tots els punts de la recta $y = -3x - 2$.

     (d) Són mínims relatius tots els punts de l'el·lipse $x^2 - 2x + 4y^2 - 8y = 0$ i el punt $(1,1)$ és un màxim relatiu.

     (e) Al punt $(3+\sqrt{3}, 0)$ hi ha un mínim relatiu i al punt $(3-\sqrt{3}, 0)$ un màxim relatiu.

72. (a) La funció no té extrems relatius.

(b) La funció no té extrems relatius.

73. (a) Indicació: estudieu el comportament sobre les rectes $y = mx$ i $x = 0$.

(b) $f(x,y) = 0$ sobre les paràboles $x = y^2$ i $x = 4y^2$.
$f(x,y) > 0$ en la regió puntejada.
$f(x,y) < 0$ en la regió ratllada.

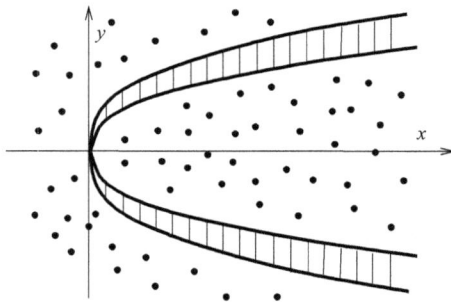

(c) No.

74. (a)
   • Si $a = 0$, el punt $(0,0)$ és un mínim.
   • Si $a \neq 0$, el punt $(0,0)$ és un punt de sella. I els punts (a,a) i $(-a,-a)$ són mínims relatius.

(b) Si $a = 0$ el polinomi de Taylor és $P(x,y) = 0$. Si $a \neq 0$ el polinomi de Taylor en el $(0,0)$ és $P(x,y) = -4a^2xy + 8a^4$.

(c) Corbes de nivell: $xy = \dfrac{8a^4 - c}{4a^2}$ que són:

   • Hipèrboles equilàteres amb asímptotes els eixos de coordenades, situades al 1r i 3r quadrants si $8a^4 - c > 0$.

   • Hipèrboles equilàteres amb asímptotes els eixos de coordenades, situades al 2n i 4t quadrants si $8a^4 - c < 0$.

   • Els eixos de coordenades si $8a^4 - c = 0$.

75. $\lambda = 0$, $\mu = 1/5$. Un mínim relatiu.

76. Té un punt de sella perquè el determinant de la matriu hessiana és negatiu. Si $C < 0$, f té un màxim relatiu.

77. Per a $b = \pm 1$ i $c < 0$, essent a arbitrària.

78. Mínim absolut 1 i s'assoleix en $(0,0)$. La funció no té màxim absolut.

79. (a) Màxim absolut $16/27$ i s'assoleix en $\left(\frac{4}{3}, \frac{1}{3}\right)$. Mínim absolut -4 i s'assoleix en $(2,2)$.

(b) Màxim absolut 32 i s'assoleix al punt $(2,2)$. Mínim absolut -4 i s'assoleix en $(\sqrt{2}, 0)$.

(c) Màxim absolut $\sqrt{\frac{3}{2}}$ i s'assoleix al punt $\left(\sqrt{\frac{2}{3}}, \frac{1}{\sqrt{6}}\right)$. Mínim absolut $-\sqrt{\frac{3}{2}}$ i s'assoleix al punt $\left(-\sqrt{\frac{2}{3}}, \frac{-1}{\sqrt{6}}\right)$.

(d) El màxim absolut s'assoleix als punts $(0.9239, 0.3827)$ i $(-0.9239, -0.3827)$ i val $\sqrt{2}$. El mínim absolut als punts $(0.3827, -0.9239)$ i $(-0.3827, 0.9239)$ i val $-\sqrt{2}$

(e) El màxim absolut val 6 i s'assoleix al punt $(\sqrt{2}, \sqrt{2})$. El mínim absolut s'aconsegueix al punt $(0,0)$ i val 0.

80. (a) El conjunt D és tancat i fitat i, per tant, compacte. La frontera està formada per un segment rectilini i un tros de paràbola.

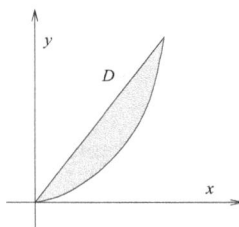

(b) Màxim absolut: 257. Mínim absolut: 5.

81. Mínim absolut al punt $(1,1)$ i val -2. Màxim absolut als punts $(2\sqrt{2}, 0)$ i $(0, 2\sqrt{2})$, i val $8 - 4\sqrt{2}$.

82. El màxim absolut és e^4 i s'assoleix als punts $(2,2)$ i $(-2,-2)$. El mínim absolut és e^{-4} i s'aconsegueix als punts $(2,-2)$ i $(-2,2)$.

83. El mínim absolut val 0 i s'assoleix als punts $(0,0), (0,\pi), (\pi,0)$. El màxim absolut val $3\sqrt{3}/2$ i s'agafa al punt $(\pi/3, \pi/3)$. Pel que fa a l'aplicació utilitzeu el fet que $A + B + C = \pi$.

84. Té mínim absolut als punts $(2,0,4)$ i $(-2,0,4)$ amb valor 20. No té màxim.

85. Paral·lelepípede de costats $\frac{2}{3}, \frac{4}{3}$ i 2 amb volum màxim $\frac{16}{9}$.

86. $\sqrt{\frac{11}{6}}$.

87. Els costats del paral·lelepípede de volum màxim són $\frac{2a}{\sqrt{3}}, \frac{2b}{\sqrt{3}}$ i $\frac{2c}{\sqrt{3}}$. Aquest volum val $\frac{8}{3\sqrt{3}} abc$.

88. Costats de la base 3 cm tots dos, altura 6 cm.

89. La distància mínima és 1 i la màxima $\sqrt{5}$.

90. Els segments d'extrems $(1/2, 1/4)$ i $(11/8, -5/8)$.

91. Els costats de la base fan 3 m i l'altura fa 4 m.

92. $312500\sqrt{2}/3$.

93. La temperatura màxima és $\dfrac{91}{3}$ i la mínima 25.

94. Si $k > 0$, la temperatura màxima és $k(1 + \sqrt{3}) - 4$ i la mínima $k(1 - \sqrt{3}) - 4$, i si $k < 0$, a l'inrevés.

95. El trajecte mínim correspon a la recta que va de P fins a qualsevol dels punts següents: $\left(\dfrac{\sqrt{2}}{2}, \dfrac{\sqrt{2}}{2} \right)$ o bé $\left(\dfrac{-\sqrt{2}}{2}, \dfrac{-\sqrt{2}}{2} \right)$.

96. $(1, 0, 0)$, $(0, 1, 0)$, $(-1, 0, 0)$ i $(0, -1, 0)$.

97. Els punts més propers són $(2 + \sqrt{3}, 2 - \sqrt{3}, 1)$ i $(2 - \sqrt{3}, 2 + \sqrt{3}, 1)$ amb distància $\sqrt{15}$. El punt més allunyat és $(2, 2, 4)$ amb distància $\sqrt{24}$.

98. El màxim absolut és $5 + \sqrt{6}$ i s'assoleix al punt $\left(\sqrt{\dfrac{3}{2}}, \sqrt{\dfrac{3}{2}}, 1 \right)$ mentre que el mínim absolut és $-\dfrac{3}{4}$ i s'assoleix al punt $\left(-\dfrac{1}{2}, -\dfrac{1}{2}, -\dfrac{1}{2} \right)$.

99. El màxim absolut és $1 + \sqrt{2}$ i s'assoleix al punt $\left(\dfrac{\sqrt{2}}{2}, \dfrac{\sqrt{2}}{2}, 1 \right)$, el mínim absolut és $-\dfrac{1}{2}$ i s'assoleix al punt $\left(-\dfrac{1}{2}, -\dfrac{1}{2}, \dfrac{1}{2} \right)$.

100. $D\left(\mathbf{F}^{-1} \right)(3, 0, 1) = \dfrac{1}{6} \begin{pmatrix} 0 & -6 & 0 \\ 1 & 2 & 0 \\ 1 & 2 & -6 \end{pmatrix}$

101. $D\left(\mathbf{F}^{-1} \right)(0, 1) = \begin{pmatrix} 0 & 1 \\ -3 & 1 \end{pmatrix}$.

102. $\begin{pmatrix} 1 & 1/2 \\ 0 & -1/2 \end{pmatrix}$.

103. No sabem si té inversa, però si en té segur que no és diferenciable. Per tant, la resposta és no.

104. $\dfrac{\partial r}{\partial x} = \cos \alpha$, $\dfrac{\partial r}{\partial y} = \sin \alpha$, $\dfrac{\partial \alpha}{\partial x} = -\dfrac{\sin \alpha}{r}$ i $\dfrac{\partial \alpha}{\partial y} = \dfrac{\cos \alpha}{r}$.

105. $\dfrac{\partial u}{\partial x} = \cosh v$, $\dfrac{\partial u}{\partial y} = -\sinh v$, $\dfrac{\partial v}{\partial x} = -\dfrac{\sinh v}{u}$ i $\dfrac{\partial v}{\partial y} = \dfrac{\cosh v}{u}$.

106. Només cal veure que f és C^∞ i que $\dfrac{\partial f}{\partial y} \neq 0$ al punt $(0, 0)$.

107. $f'(0) = 0$, $f''(0) = -2$. Per tant f té un màxim relatiu en $x = 0$.

108. $\begin{vmatrix} \pi/2 & 0 \\ 0 & -\pi/2 \end{vmatrix} = -\dfrac{\pi^2}{4}.$

109. El hessià és $\dfrac{z^2}{(2z-1)^6} \begin{vmatrix} 1 & 3 \\ 3 & 9 \end{vmatrix} = 0.$

110. En $(1,-1)$ té un màxim relatiu.

111. Donada l'equació $x^2 + x + y - z + \sin(x-y) + \cos(y-z) = 1.$

    (a) Indicació: apliqueu el teorema de la funció implícita.

    (b) Heu de veure que $(0,0)$ és un punt crític de la funció de *Lagrange*
$$L(x,y) = h(x,y) + \lambda(x^2 + y^2 - 2x).$$

112. Indicació: apliqueu el teorema de la funció implícita per veure, per exemple, que podem tenir la corba de la forma
$$\mathbf{r}(z) = (x(z), y(z), z), \; z \in I.$$

L'equació del pla és $z = x$.

113. $\kappa = 2.$

114. $x + y - z = 0.$

115. $\mathbf{r}'(1) = (5/3, -2/3, 1).$

116. En el primer apartat teniu una indicació.

    (a) Indicació: apliqueu el teorema de la funció implícita.

    (b) $\dfrac{-9}{2\sqrt{10}}.$

117. Les velocitats són $v_x = 0$ m/s, $v_y = \pm 6$ m/s i $v_z = \pm 8$ m/s.

118. Per a $(x,y) = F(u,$

    (a) El recorregut es el conjunt que es veu a la figura següent.

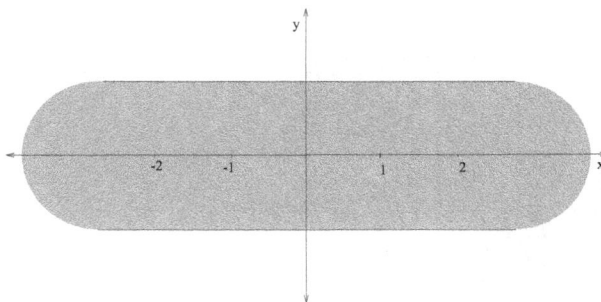

No és ni obert ni tancat. No és compacte. És fitat. És connex. La frontera està formada per dos segments rectilinis i dos semicercles.

(b) F^{-1} existeix i és diferenciable als punts on $\cos\phi \neq 0$. És a dir, als punts on $\phi \neq (2n-1)\pi/2$, per $n \in \mathbb{Z}$ (que corresponen als punts dels segments $y = 1$ i $y = -1$ del recorregut de F). La matriu jacobiana de la inversa és

$$DF^{-1}(x,y) = \begin{pmatrix} 1+u^2 & (1+u^2)\tan\phi \\ 0 & \frac{1}{\cos\phi} \end{pmatrix}.$$

(c) Els vectors tangents de les corbes que ens diuen els trobarem multiplicant els vectors tangents (vectors directors) de les rectes $x = 0$ i $y = 0$ per la matriu anterior avaluada en alguna de les antiimatges del punt $(0,0)$. Per exemple, per $\phi = \pi$ tenim:

$$DF^{-1}(0,0) \cdot \begin{pmatrix} 1 \\ 0 \end{pmatrix} = \begin{pmatrix} 1+u^2 & 0 \\ 0 & -1 \end{pmatrix} \cdot \begin{pmatrix} 1 \\ 0 \end{pmatrix} = \begin{pmatrix} 1+u^2 \\ 0 \end{pmatrix}.$$

$$DF^{-1}(0,0) \cdot \begin{pmatrix} 0 \\ 1 \end{pmatrix} = \begin{pmatrix} 1+u^2 & 0 \\ 0 & -1 \end{pmatrix} \cdot \begin{pmatrix} 1 \\ 0 \end{pmatrix} = \begin{pmatrix} 0 \\ -1 \end{pmatrix}.$$

Clarament, aquests dos vectors són perpendiculars.

7.4 *Integració de funcions de diverses variables*

1. (a) Una integral és $\int_0^1 \left(\int_0^{1-y} f(x,y)\,dx \right) dy$
   i l'altra $\int_0^1 \left(\int_0^{1-x} f(x,y)\,dy \right) dx$.

   (b) Una integral és $\int_{-\infty}^{+\infty} \left(\int_y^{y+2} f(x,y)\,dx \right) dy$
   i l'altra $\int_{-\infty}^{+\infty} \left(\int_{x-2}^x f(x,y)\,dy \right) dx$.

2. (a) Una integral és $\int_0^1 \left(\int_x^{2x} f(x,y)\,dy \right) dx + \int_1^2 \left(\int_x^2 f(x,y)\,dy \right) dx$
   i l'altra $\int_0^2 \left(\int_{y/2}^y f(x,y)\,dx \right) dy$.

   (b) Una integral és $\int_{-\infty}^{+\infty} \left(\int_{x-1}^{x+3} f(x,y)\,dy \right) dx$
   i l'altra $\int_{-\infty}^{+\infty} \left(\int_{y-3}^{y+1} f(x,y)\,dy \right) dx$

3. (a) $\int_{-3}^{-1} dy \int_{-y}^{3} f(x,y)\,dx + \int_{-1}^{1} dy \int_{1}^{3} f(x,y)\,dx + \int_{1}^{9} dy \int_{\sqrt{y}}^{3} f(x,y)\,dx.$

   (b) $\int_{0}^{a} dy \int_{y^2/(4a)}^{a-\sqrt{a^2-y^2}} f(x,y)\,dx + \int_{0}^{a} dy \int_{a+\sqrt{a^2-y^2}}^{2a} f(x,y)\,dx + \int_{a}^{2\sqrt{2}a} dy \int_{y^2/(4a)}^{2a} f(x,y)\,dx.$

   (c) $\int_{0}^{1/2} dx \int_{0}^{\sqrt{2x}} f(x,y)\,dy + \int_{1/2}^{\sqrt{2}} dx \int_{0}^{1} f(x,y)\,dy + \int_{\sqrt{2}}^{\sqrt{3}} dx \int_{0}^{\sqrt{3-x^2}} f(x,y)\,dy.$

4. $\dfrac{3}{4}.$

5. $\dfrac{1}{\pi}.$

6. $\dfrac{15}{2}.$

7. $\dfrac{125}{6}.$

8. $\dfrac{35\pi}{12}.$

9. $\dfrac{6}{35}.$

10. $\dfrac{88}{105}.$

11. $4\pi\sqrt{2}.$

12. $\dfrac{e-1}{2e}.$

13. $\dfrac{15}{8}.$

14. $6\pi.$

15. Indicació: apliqueu el canvi de variable $x+y=u$, $x-2y=v$. El valor de la integral és $\dfrac{164}{9}$.

16. $\dfrac{13(2-\sin 2)}{6}.$

17. Indicació: feu el canvi de variable $u=xy$, $v=\dfrac{y}{x}$. El valor de la integral és $\dfrac{2(4-\sqrt{2})}{3}$.

18. Indicació: feu el canvi de variable $(x,y)\rightarrow(u,v)$, amb $x^2=uy$ i $y^2=vx$. El valor de la integral és $\approx 2,315$.

19. $\dfrac{2a^5}{15}.$

20. $\dfrac{\pi}{32}.$

21. $\pi a^2 b^2$.

22. $\dfrac{9\pi ab}{32}$.

23. $\dfrac{\pi}{6} - \dfrac{2}{9}$.

24. $\dfrac{(3\pi - 4)a^2 b}{9}$.

25. $\dfrac{5a^4}{48}$.

26. $\dfrac{\pi}{4} - \dfrac{2}{3}$.

27. $\dfrac{\pi(e-1)}{e}$.

28. Indicació: utilitzeu una integral doble. El valor de la integral és $\dfrac{\sqrt{\pi}}{2}$.

29. 1.

30. $\displaystyle\int_0^3 dz \int_0^{\frac{1}{3}(12-4z)} dx \int_0^{\frac{1}{6}(12-3x-4z)} dy$.

31. Indicació: utilitzeu coordenades cilíndriques. El volum és $\dfrac{1}{3}\pi R^2 h$.

32. $\dfrac{4}{3}\pi abc$.

33. Indicació: utilitzeu coordenades esfèriques. El valor de la integral és $\dfrac{\pi}{8}$.

34. Indicació: utilitzeu coordenades esfèriques. El valor de la integral és $\dfrac{\pi}{10}$.

35. $\dfrac{124}{15}\pi R^5$.

36. 4π.

37. $\dfrac{8a^2}{9}$.

38. $\dfrac{7}{24}$.

39. $\dfrac{1}{3}(16 - 6\sqrt{2})\pi$.

40. 6π.

41. $\dfrac{2}{15}$.

42. $2 \displaystyle\int_0^{\pi/2} d\alpha \int_0^{a\cos\alpha} (a-r)r\,dr.$

43. $2\pi.$

44. $\dfrac{4}{15}.$

45. $\pi a^3.$

46. $\dfrac{2k\pi}{3}.$

47. $\left(\dfrac{15\pi+32}{6(\pi+8)}\,a, 0 \right).$

48. El volum és $\dfrac{1}{3}(2-\sqrt{2})\pi a^3$, la massa val $\dfrac{1}{3}(2-\sqrt{2})\pi a^3 k$, on k és la densitat constant, i el centre de massa es troba al punt $(0,0,(2+\sqrt{2})3a/16).$

49. La massa és $243k/2$ i el centre de massa es troba al punt de coordenades $\left(\dfrac{48}{35}, \dfrac{48}{35}, \dfrac{9}{2} \right).$

50. Es troba al punt $\left(0, \dfrac{4}{3}\,a, \dfrac{20}{9}\,a^2 \right).$

51.   (a) $V = \displaystyle\int_{-1}^1 dy \int_{-\sqrt{2-2y^2}}^{\sqrt{2-2y^2}} dx \int_{y^2+2}^{4-x^2-y^2} dz.$

     (b) $m = \displaystyle\int_{-1}^1 dx \int_{-\sqrt{8-8x^2}}^{\sqrt{8-8x^2}} dy \int_{3x^2+y^2/4}^{4-x^2-y^2/4} k(z-3x^2-y^2/4)dz$, on k és la constant de proporcionalitat.

     (c) $m = \displaystyle\int_{-\sqrt{2}}^{\sqrt{2}} dx \int_{-\sqrt{2-x^2}}^{\sqrt{2-x^2}} dy \int_{x^2+2y^2}^{4-x^2} k\sqrt{y^2+z^2}\,dz$, on k és la constant de proporcionalitat.

52. $\dfrac{kh^2R^2\pi}{2}$, on k és la constant de proporcionalitat.

53. Indicació: utilitzeu coordenades esfèriques. El valor de la massa és $4\pi - \pi^2.$

54. $\dfrac{3}{5}.$

55.   (a) $V = \frac{64}{3}\pi\sqrt{2}.$

     (b) $m = 32k\pi$, sent k la constant de proporcionalitat.

56. $\dfrac{k}{2}$, sent k la constant de proporcionalitat.

57. $\dfrac{\pi kR^4}{3}$, sent k la constant de proporcionalitat.

58. $\dfrac{1}{2}\left(\ln 2 - \dfrac{5}{8}\right) \approx 0,034$.

59. $I = \frac{1}{2}MR^2$.

60. $I_x = I_y = 8k\pi$, sent k la constant de proporcionalitat.

61. El centre de massa es troba al punt $\left(0,0,\dfrac{37}{14}\right)$ i el moment d'inèrcia és
$I_z = \frac{67\pi}{15}$.

62.   (a) En la direcció de $-\nabla T(4,1,2) = (-16,-4,-18)$.

   (b) $\overline{T} = 14,5^o$C.

63. Hi ha 3/2 submergit.

64. El radi ha de fer 0.54391 i l'altura 1.29462.

7.5 *Integrals de línia*

1. $10\sqrt{10}$.

2. La massa és $\sqrt{2}(2\pi + 8\pi^3)$. El centre de massa té coordenades $\left(\dfrac{6}{1+4\pi^2}, \dfrac{-6\pi}{1+4\pi^2}, \dfrac{6\pi^3 + \pi}{1+4\pi^2}\right)$.

3. $\dfrac{1}{4}\sqrt{2a}\pi$.

4. $\left(\dfrac{2}{5}, -\dfrac{1}{5}, \dfrac{1}{2}\right)$.

5. $\dfrac{2\pi}{3}$.

6.   (a) $\bar{x} = \dfrac{3\pi(1+2\pi^2)}{3+4\pi^2}, \bar{y} = \dfrac{6}{3+4\pi^2}, \bar{z} = \dfrac{-6}{3+4\pi^2}$.

   (b) $W = \dfrac{4\pi^2}{1+4\pi^2}$.

7. $\dfrac{107}{30}$.

8. A tots els casos val $\dfrac{5}{2}$.

9. $\dfrac{K}{2}\ln(1+4\pi^2)$.

10. $\pm\dfrac{4}{15}$.

11. $-\dfrac{269}{30}$.

12. $\pm\dfrac{34}{9}$.

13. $\pm\dfrac{4b^2a}{3}$.

14. $\dfrac{1}{10}\left(4e^{2\pi}+5e^{\pi}-5\pi+9\right)$.

15.   (a) 0.

   (b) 2π.

16.   (a) -1.

   (b) 0.

17. $\dfrac{13}{15}$.

18. $W = 4b^2 - 8b\pi + 4$. Per al valor $b = \pi$ el treball és mínim.

19. $\dfrac{\pi a^3}{4}$.

20. Indicació: utilitzeu la segona llei de *Newton* i el teorema fonamental del càlcul per a integrals de línia.

21.   (a) $V(x,y) = \ln|x+y| + C$, si $x+y \neq 0$.

   (b) $V(x,y) = e^x \cos y + x^2 y + C$.

   (c) $V(x,y,z) = 3x^2 y \cos z + C$.

   (d) No és un camp conservatiu.

   (e) $V(x,y) = e^{3x}y - x^2 + C$.

22.   (a) $\operatorname{rot}\mathbf{F} = 0$ i $\mathbf{F}$ està definit a tot $\mathbb{R}^3$, convex, per tant $\mathbf{F}$ és conservatiu.

   (b) $\varphi(x,y,z) = 3x^2 \cos z + 3y + C$.

   (c) -15.

23. Donat el camp vectorial $\mathbf{F}(x,y,z) = (\cos y, -x\sin y + \sin z, y\cos z)$.

   (a) Com que $\mathbf{F} \in C^\infty$ per a tot $\mathbb{R}$, n'hi ha prou comprovant que el rotacional de $\mathbf{F}$ és zero, per exemple.

   (b) $V = x\cos y + y\sin z - 1$.

   (c) 0.

   (d) 0.

24. Una condició necessària és: $\mathbf{F}$ conservatiu $\Longrightarrow \operatorname{rot}\mathbf{F} = 0$.

En aquest cas $\operatorname{rot}\mathbf{F} = 0$, però, per exemple, la integral de línia al llarg de la circumferència unitat val $2\pi \neq 0$. Noteu que $\mathbf{F}$ no és continu en $(0,0)$.

25. Indicació: vegeu en tots dos casos que el camp corresponent és conservatiu.

26. -2π.

27. 0.

28. $\pm(1/e - e)$.

29. Aplicant el teorema de *Green* obtenim:

> (a) πab.
>
> (b) $3\pi a^2$.
>
> (c) $3a^2/2$.

30. Per l'arc de cicloide donat obtenim:

> (a) 4π.
>
> (b) 3π.

31. 6π.

32. $\dfrac{\pi a^2}{2}$.

33. $3\pi a^2$.

34. $\dfrac{R^3}{3}$.

35. $\dfrac{\pi}{8}$.

36. $A = \dfrac{3\pi}{2}$.

37. $\dfrac{1 - e^{-4\pi}}{4}$.

38. La resposta correcta és $-2A(\gamma)$.

39. $\pm 3 \,\text{àrea}\,(\Omega) = \pm 24\pi$.

7.6 *Integrals de superfície*

1.
> (a) $\dfrac{2}{x^2 + y^2 + z^2}\,(x,y,z)$.
>
> (b) $(x^2 + y^2 + z^2)^{-1/2}(x,y,z)$.

(c) $n(x^2 + y^2 + z^2)^{-1+n/2}(x,y,z)$.

2.   (a) $\operatorname{div} \mathbf{F} = 2(x+y+z)$, $\operatorname{rot} \mathbf{F} = \mathbf{0}$.

(b) $\operatorname{div} \mathbf{F} = 0$, $\operatorname{rot} \mathbf{F} = (x(e^{xy}-e^{xz}), y(e^{yz}-e^{xy}), z(e^{xz}-e^{yz}))$.

(c) $\operatorname{div} \mathbf{F} = 2z$, $\operatorname{rot} \mathbf{F} = (0,0,2x-2y)$.

(d) $\operatorname{div} \mathbf{F} = 0$, $\operatorname{rot} \mathbf{F} = (x\cos y - \sin x, y\cos z - \sin y, z\cos x - \sin z)$.

3. $\operatorname{div} \mathbf{F} = 0$ i $\operatorname{rot} \mathbf{F} = \mathbf{0}$ per als dos camps.

4. Indicació: apliqueu les definicions respectives.

5.
- És cert perquè les derivades encreuades de segon ordre són iguals.
- No té sentit perquè el rotacional s'aplica a camps vectorials.
- És cert ja que $\operatorname{rot}(\nabla f) = \mathbf{0}$, $\operatorname{div}(\mathbf{0}) = 0$.
- No té sentit perquè la divergència és un camp escalar.

6.   (a) $\mathbf{r}(x,y) = \left(x, y, \dfrac{D-Ax-By}{C}\right)$, $(x,y) \in \mathbb{R}^2$ si $C \neq 0$.

(b) $\mathbf{r}(\varphi, \theta) = (R\sin\varphi\cos\theta, R\sin\varphi\sin\theta, R\cos\varphi)$, on $0 \le \theta \le 2\pi$ és la longitud (geogràfica) i $0 \le \varphi \le \pi$ és la colatitud.

(c) $\mathbf{r}(\alpha, t) = (R\cos\alpha, R\sin\alpha, t)$, on $0 \le \alpha \le 2\pi$ i $t \in \mathbb{R}$.

(d) $\mathbf{r}(u,v) = (4\cosh u \cos v, 4\sinh u, 4\cosh u \sin v)$, $u \in \mathbb{R}$, $v \in [0, 2\pi]$.

(e) $\mathbf{r}(u,v) = (a\sin v\cos u, b\sin v\sin u, c\cos v)$, $u \in [0,2\pi]$, $v \in [0,\pi]$, on a, b, c són els semieixos.

7. $\mathbf{T}(\alpha, \beta) = ((a+b\cos\alpha)\cos\beta, b\sin\alpha, (a+b\cos\alpha)\sin\beta)$, on $0 \le \alpha \le 2\pi$ és la latitud mesurada des del punt $(a,0)$ i $0 \le \beta \le 2\pi$ és la longitud.

8.   (a) $\rightarrow$ (3).

(b) $\rightarrow$ (2).

(c) $\rightarrow$ (1).

9.   (a) $\mathbf{r}(u,v) = (\sin u \cos v, \sin u \sin v, u)$, $u \in [0,\pi]$, $v \in [0, 2\pi]$.

(b) $\mathbf{r}(u,v) = (u, 2u^2\cos v, 2u^2\sin v)$, $u \in [0,3]$, $v \in [0, 2\pi]$.

(c) $\mathbf{r}(u,v) = (u\sin v, u\cos v, u)$, $u \in [-3,3]$, $v \in [0, 2\pi]$.

10.   (a) $\mathbf{r}(u,v) = (2+5\sin v\cos u, 3+5\sin v\sin u, 5\cos v)$, $u \in [0,2\pi]$, $v \in [0,\pi]$.

(b) $\mathbf{r}(u,v) = (2\sinh u, \cosh u \sin v, 2\cosh u \cos v)$, $u \in \mathbb{R}$, $v \in [0, 2\pi]$.

(c) $\mathbf{r}(u,v) = (2+\frac{3}{\sqrt{2}}\sin v\cos u, 3\sin v\sin u, 3\cos v)$, $u \in [0,2\pi]$, $v \in [0,\pi]$.

11.   (a) $\rightarrow$ (2).

(b) $\rightarrow$ (3).

(c) $\rightarrow (1)$.

(d) $\rightarrow (4)$.

12.　(a) $4x + y + 4 = 0$.

(b) $y - 3 = 0$.

13.　(a) $\mathbf{r}(u,v) = (6\cosh v \cos u, 6\cosh v \sin u, 6\sinh v)$, $v \in \mathbb{R}$, $u \in [0, 2\pi]$.

(b) $ax + by = 36$.

(c) Substituïu (x, y, z) pels valors corresponents, tant a l'equació de la superfície com a la del pla tangent.

(d) És un hiperboloide d'una fulla.

14.　(a) $4\pi^2 ab$.

(b) $4\pi R^2$.

15. $2\pi\sqrt{6}$.

16. $8R^2(\pi - 2)$.

17. $16R^2$.

18. $32\sqrt{2}\,\pi$.

19. $(17^{3/2} - 1)\dfrac{\pi}{6}$.

20. El tros de dalt té àrea 4π. El de sota té àrea 12π.

21. $2\pi a^2 \rho$.

22. $\sqrt{2}\,\pi$.

23. $k16\pi\sqrt{5}/3$.

24. $486\pi k$.

25. $(1, 1, 1)$.

26.　(a) $\mathbf{r}(u,t) = (u\cos\omega t, u\sin\omega t, bt)$ amb $u \in [0, L]$ i $t \geq 0$.

(b) $\dfrac{5k}{6}(13^{3/2} - 27)$.

(c) La frontera està formada per quatre corbes:
el segment horitzontal $\mathbf{r}(x) = (x, 0, 0)$, $x \in [0, 1]$;
el segment vertical $\mathbf{r}(z) = (0, 0, z)$, $z \in [0, 30]$;
el segment horitzontal $\mathbf{r}(u) = (u\cos 20, u\sin 20, 30)$, $u \in [0, 1]$;
i l'hèlix $\mathbf{r}(t) = (\cos 2t, \sin 2t, 3t)$, $t \in [0, 10]$.

27.　(a) $19/6$.

(b) $23/6$.

28. $-\dfrac{3}{2}$.

29. -48.

30. $4\sqrt{2}\pi - 7\pi/2$.

31.   (a) $5/6$.

   (b) $\approx 2,29559$.

32.   (a) Sí, $f(x,y,z) = \dfrac{x^4}{4} + \dfrac{y^4}{4} + \dfrac{z^4}{4}$, per exemple.

   (b) 3.

   (c) 0.

33. 3.

34. Indicació: calculeu la integral de superfície del camp **F**.

35. 0.

36. 16.

37. -12π.

38. Flux a través de $S = 3 \cdot$ volum encabit per S.

39.   (a) 0.

   (b) $16\pi/15$.

40. En ambdós casos és 0.

41.   (a) 84π.

   (b) 40π.

42.   (a) 3.

   (b) π.

   (c) 0.

43.   (a) $\sqrt{15}\,\pi$.

   (b) 0.

   (c) $3\sqrt{3}\,\pi$.

44. El primer flux és $\pm\dfrac{20}{3}$ i el segon val $\dfrac{8}{3}$.

45.   (a) Consulteu la teoria.

   (b) $\mathbf{r}(u,v) = (R\sin u \cos v, R\sin u \sin v, R\cos u)$ amb $0 \leq u \leq \pi$ i $0 \leq v \leq 2\pi$;
   $\mathbf{n} = R^2\left(\sin^2 u \cos v, \sin^2 u \sin v, \sin u \cos v\right)$.

   (c) 4π.

   (d) 0. No té sentit ja que **F** no està definit en $(0,0,0)$.

   (e) No.

   (f) 0.

   (g) 0.

   (h) Sí.

46. (a) $\pi/2$.

   (b) 0.

   (c) 0.

   (d) 0.

47. 24π.

48. $\dfrac{8}{3}\pi$.

49. $\dfrac{64}{3}\pi$.

50. En ambdós casos surt $\pm 4\pi$.

51. $\pi/8$.

52. Tant la integral de línia com la integral de superfície donen $\pm 45/2$.

53. $\pm 9a^3/2$.

54. (a) $x=\sin\varphi\cos\theta$, $y=\sin\varphi\sin\theta$, $z=\cos\varphi$, $\varphi\in[0,\pi]$, $\theta\in[0,\pi/4]$.

   (b) $C:C_1$ i C_2, on
   $C_1:\mathbf{r}(\varphi)=(\sin\varphi,0,\cos\varphi)$, $\varphi\in[0,\pi]$.
   $C_2:\mathbf{r}(\varphi)=\left(\frac{\sqrt{2}}{2}\sin\varphi,\frac{\sqrt{2}}{2}\sin\varphi,\cos\varphi\right)$, $\varphi\in[0,\pi]$.

   (c) En ambdós casos la integral val $2/3$.

55. $\pm 20\pi$.

56. (a) $\sqrt{2}\,\pi b^2$.

   (b) $-a^2 b^2\pi$.

57. 0.

58. $\pm 27\pi$.

59. 0.

60. (a) 0.

   (b) $\pm\pi$ segons l'orientació.

(c) $\pm\pi$ segons l'orientació.

61. $\pm\dfrac{\pi}{4}$.

62. És zero.

63. Indicació: apliqueu el teorema de la divergència.

64. Indicació: apliqueu el teorema de la divergència.

65.   (a) $\pi/8$.

       (b) 0.

66. π.

67. 0.

68. $8\pi/\sqrt{3}$.

69. 2π.

8

Bibliografia

[1] APOSTOL T. M. *Calculus*. Vol. I. Barcelona: Reverté, 1982.

[2] BARTLE R. G.; SHERBERT D. R. *Introducción al Análisis Matemático de una variable*. México: Limusa, 1984.

[3] BERMAN G. N. *Problemas y Ejercicios de Análisis Matemático*. Moscú: Mir, 1977.

[4] BOMBAL F.; MARÍN L. R.; VERA G. *Problemas de Análisis Matemático*. Madrid: AC, 1988.

[5] BURGOS J. DE *Cálculo Infinitesimal (teoría y problemas)*. Madrid: Alhambra, 1984.

[6] COQUILLAT F. *Cálculo Integral. Metodología y Problemas*. Madrid: Tebar Flores, 1986.

[7] CHURCHILL, R. V.; BROWN, J. W. *Variable Compleja y Aplicaciones*. McGraw-Hill, 1992.

[8] DANKO P.; POPOV A. *Ejercicios y Problemas de Matemáticas Superiores*. Vol. I i II. Madrid: Paraninfo, 1982.

[9] DEMIDOVICH B. P. *5000 Problemas de Análisis Matemático*. Madrid: Paraninfo, 1985.

[10] DIEGO B. DE *Ejercicios de Análisis*. Sevilla: Deimos, 1984.

[11] FÀBREGA A.; LESEDUARTE M. C.; LLONGUERAS M. D.; MAGAÑA A. *Problemes de Càlcul*. Terrassa: Cardellach Còpies, 1997.

[12] – *Exàmens de Càlcul Resolts*. Terrassa: Cardellach Còpies, 1998.

[13] – *Exercicis i Problemes de Càlcul*. Terrassa: Cardellach Còpies, 2001.

[14] LARSON R. E.; HOSTETLER R. P.; EDWARS B. H. *Cálculo*. Vol. I i II. Madrid: McGraw–Hill, 1999.

[15] LESEDUARTE M. C.; LLONGUERAS M. D.; MAGAÑA A. *Càlcul I. Teoria i exercicis.* Barcelona: Iniciativa Digital Politècnica, 2011.

[16] LUBARY J. A.; MAGAÑA A. *Càlcul I i II. Problemes.* Barcelona: Edicions UPC, 1996.

[17] MARSDEN J.E.; TROMBA A.J. *Càlculo Vectorial.* Madrid: Pearson. Addison Wesley, 2004.

[18] ORTEGA J. M. *Introducció a l'Anàlisi Matemàtica.* Bellaterra: Manuals de la UAB, 1990.

[19] RAHMAN M.; MULOLANI I. *Applied vector analysis.* Florida: CRC Press, 2001.

[20] ROGAWSKI J. *Cálculo (varias variables).* Barcelona: Reverté, 2012.

[21] SALAS S. L.; HILLE E. *Calculus.* Vol. I i II. Barcelona: Reverté, 2002.

[22] SPIEGEL M. R. *Variable Compleja.* EEUU: Schaum + McGraw–Hill, 1971.

[23] SPIVAK M. *Calculus.* Barcelona: Reverté, 1986.

[24] TEBAR E. *Problemas de Cálculo Infinitesimal.* Madrid: Tebar Flores, 1978.